工程造价电算应用教程

GONGCHENG ZAOJIA DIANSUAN YINGYONG JIAOCHENG

■ 主　编　黄　梅
副主编　郭　颖　葛树成
　　　　杨　帆　靳亚伟

 大连理工大学出版社

图书在版编目(CIP)数据

工程造价电算应用教程 / 黄梅主编. -- 大连：大
连理工大学出版社，2021.1(2023.1重印)
 ISBN 978-7-5685-2758-3

 Ⅰ．①工… Ⅱ．①黄… Ⅲ．①计算机应用－工程造价
－高等学校－教材 Ⅳ．①TU723.3-39

 中国版本图书馆 CIP 数据核字(2020)第 231941 号

大连理工大学出版社出版

地址：大连市软件园路 80 号　邮政编码：116023
发行：0411-84708842　邮购：0411-84708943　传真：0411-84701466
E-mail：dutp@dutp.cn　URL：http://dutp.dlut.edu.cn
大连图腾彩色印刷有限公司印刷　　　大连理工大学出版社发行

幅面尺寸：185mm×260mm　　印张：8.25　　字数：208 千字
2021 年 1 月第 1 版　　　　　2023 年 1 月第 2 次印刷

责任编辑：康云霞　　　　　　　　　　　责任校对：吴媛媛
封面设计：张　莹

ISBN 978-7-5685-2758-3　　　　　　　　定　价：25.00 元

前　言

　　《工程造价电算应用教程》是基于辽宁省的广联达GTJ2018算量二合一软件编写的。本书通过多层框架-剪力墙案例工程，贯穿土建造价业务场景、基本功能操作、快捷功能和查量来讲解软件算量的全流程；通过剖析案例图纸、定额及清单工程量计算规则、工程量分析及软件操作，进行深入浅出的讲解，带你轻松入门，掌握软件操作技巧。本书多层案例涵盖当下大部分工程用到的构件，通过实际案例的算量软件操作，进行主体构件（基础、柱、墙、梁、板、楼梯）、零星构件、室内外装修等构件的电算，具有很强的操作性和代表性。

　　全书包括六个项目：新建工程及工程设置；首层工程量计算；二层工程量计算；标准层、屋面层、机房层工程量计算；基础层工程量计算；云应用与报表出量。

　　在编写本书的过程中，力求突出以下特色：

　　1.高校教师与企业造价人员共同结合自己的实际工作经验，优势互补，分工协作完成，将复杂的造价问题简单化处理，以一个工程案例的施工图算量过程贯穿造价知识和技能领域，按企业完成一个工程项目的算量内容及造价文件的编制标准设计项目内容。

　　2.教材中融入课程思政元素，引导学生在学习专业技能的同时，树立正确的价值观，培养学生正确的职业道德，遵纪守法，爱岗敬业，诚实守信，做到教书和育人相融合，为培养具有工程能力的创新型人才奠定思想基础。

　　本书适合高职院校工程造价专业学生、建筑行业入行新手以及由其他行业转入造价行业的零基础学员学习，也可供建筑行业工程技术人员参考。

　　本书由大连职业技术学院黄梅任主编；大连职业技术学院郭颖、葛树成，沈阳一砖一瓦教育培训学校杨帆，大连晟航工程咨询有限公司靳亚伟任副主编。具体编写分工如下：项目一、项目二、项目三由黄梅编写;项目四由郭颖编写;项目五由葛树成编写;项目六由杨帆编写。全书由黄梅、靳亚伟统稿。

　　编写出版《工程造价电算应用教程》是一次全新的尝试。由于我们水平所限,本书仍可能有错误和疏漏之处,欢迎广大读者批评指正。

编　者

2021 年 1 月

目　录

项 目 一

新建工程及工程设置

思维导图

新建工程及工程设置思维导图如图 1-1 所示。

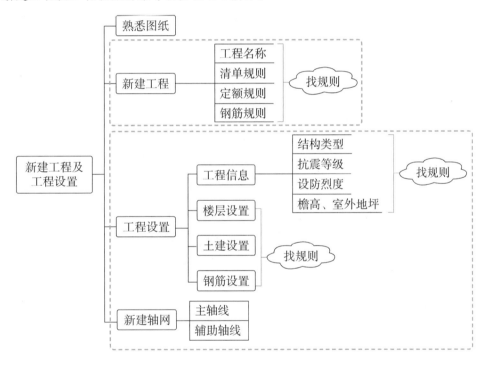

图 1-1　新建工程及工程设置思维导图

学习目标

能力目标：能够读懂图纸；能够完成新建工程及工程设置相关参数的输入；能够定义并绘制形成轴网。

知识目标：熟悉钢筋平法规则及清单定额计算规则；熟悉图纸，重点关注图纸设计说明中抗震等级、混凝土标号、保护层、钢筋连接与计算规则的相关信息；掌握新建工程、工程设置、新建轴网的软件操作与技巧。

素质目标:通过项目引领、任务驱动,培养学生建立工程的视角,引导学生掌握工程造价人员的必备技能,使学生认识到精准计量在工程造价中的重要性;培养学生形成"为什么学、学什么、怎样学、为什么这样学"的一系列思维方法,为培养具有工程能力的创新型人才奠定思想基础;引导学生在学习专业技能的同时,树立正确的价值观和职业道德,培养遵纪守法的职业态度和爱岗敬业的职业精神,做到诚实守信,不弄虚作假。

1.1 熟悉图纸

工程概况:本工程为1♯住宅楼,建筑面积为 2 609 m²,共 6 层,其中首层为商业网点,2 层~6 层为普通住宅。结构形式为独立柱基础、钢筋混凝土框架-剪力墙结构。抗震等级:框架四级,剪力墙三级。

分析图纸设计说明:重点关注设计规范、施工标准图集;抗震等级、结构类型、檐高、设防烈度;混凝土标号、砂浆标号、保护层;钢筋连接形式;轴网形式与距离;基础类型与主体结构形式。

1.2 新建工程

启动软件:双击界面上的"广联达 BIM 土建计量平台 GTJ2018"图标,进入新建工程界面,按图 1-2 操作即可完成新建工程。

图 1-2 新建工程

1.3 工程设置

建好的工程还需要设置工程的各种信息，包括工程信息设置、楼层设置、土建设置、钢筋设置等。

1.3.1 基本信息设置

一、工程信息设置（图 1-3）

图 1-3 工程信息设置

> **○ 说 明**
>
> 从图 1-3 中可看到很多信息，但在工程实际中不需要设置这么多信息，只需要在图纸上寻找结构类型、抗震等级、设防烈度、室外地坪和檐高，填写在对应的信息上即可。

课堂训练1

根据图纸,在 GTJ2018 软件中完成新建工程部分。

二、楼层设置

建楼层时,一定要用结构标高。

计算方法:结构层高＝结构顶标高－结构底标高。

查找图纸上的楼层表,按图 1-4 所示,新建楼层、插入楼层、输入首层底标高及各层层高。

通常软件默认的构件的抗震等级、混凝土强度等级、保护层厚度与图纸不符,这些都需要我们根据实际的图纸说明来做修改,如图 1-4 所示。

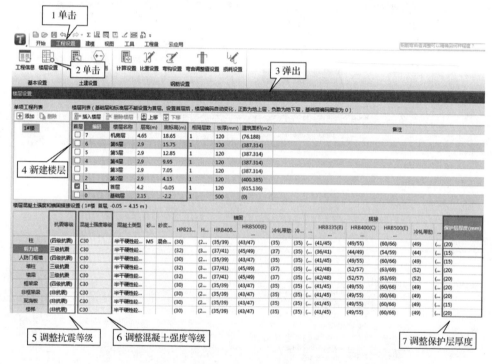

图 1-4　楼层设置

○ 说 明

1.首层标记:在楼层列表中的"首层"单元列,可以选择某一层作为首层。勾选后,该层作为首层,相邻楼层的编码自动变化,负数为地下层,正数为地上层,基础层的编码为 0,不可改变,基础层和标准层不能作为首层。

2.首层底标高,是指首层的结构底标高,可修改;其他层底标高根据层高自动运算。

注,土建设置按软件默认即可,此处不再详述。

1.3.2　工程设置中的钢筋设置

钢筋设置主要是钢筋的搭接及比重的设置。

一、搭接设置

需查找图纸说明,图纸没有说明的按当地定额规定设置,设置方法如图1-5所示。

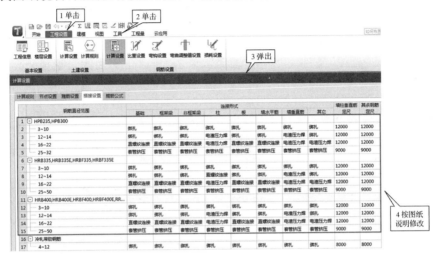

图1-5　搭接设置

二、比重设置

由于市面上没有用直径6 mm的钢筋,一般工程下料都是直径6.5 mm,因此要修改比重设置,方法如图1-6所示。

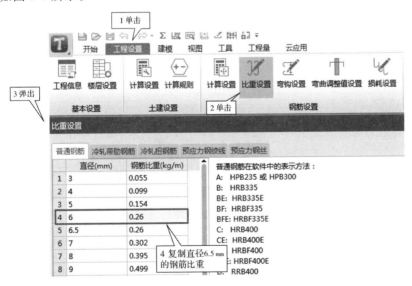

图1-6　比重设置

课堂训练2

根据图纸,完成楼层建立。

1.4 新建轴网

1.4.1 定义轴网

楼层建立完毕后,切换到"建模"界面进行建模和计算部分的操作。首先,根据结构图来建立轴网。建立轴网的目的是在绘制结构构件时,确定构件的位置。

打开导航树模块"轴线"文件夹,单击"轴网",单击"新建正交轴网",形成新建"轴网-1",如图 1-7 所示。

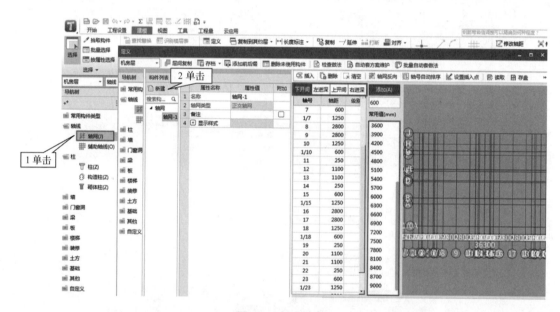

图 1-7 新建轴网

1.4.2 输入轴间距

该工程的轴网是简单的正交轴网,上、下开间略有不同,左、右进深相同。

一、输入下开间

在"常用值"下面的列表中选择要输入的轴距,或者在"添加"按钮下的输入框中输入相应的相邻轴网间距,单击"添加"按钮;按照图纸从左到右的顺序,依次输入下开间相邻轴号间距。

二、输入上开间

本轴网上、下开间轴间距略有不同,需要在上开间中也输入轴距。鼠标选择"上开间",切换到上开间的输入界面;按照同样的做法,在"常用值"下面的列表中选择或者在添加按钮下的输入框中输入相应的轴网间距,单击"添加"按钮。

三、轴网自动排序

由于上、下开间输入数值不同，需要使用"轴网自动排序功能"对轴号重新排序；输入完上、下开间之后，单击轴网显示界面上方的"轴号自动排序"，软件自动调整轴号使其与图纸一致。

四、输入左进深

单击"左进深"，切换到"左进深"的输入界面，按照图纸从下到上的顺序，依次输入左进深的轴距。因为左、右进深轴距相同，所以右进深可以不输入。

五、形成轴网

轴网定义完成，形成轴网，右侧的轴网图显示区域已经显示了定义完成的轴网-1。

1.4.3 轴网的绘制

1.轴网定义完成，双击"轴网-1"，切换到绘图界面。

2.弹出"请输入角度"对话框，提示用户输入定义轴网需要旋转的角度。本工程轴网为水平竖直向的正交轴网，旋转角度按软件默认输入为 0 即可，如图 1-8 所示。

图 1-8 输入角度

3.单击"确定"按钮，绘图区显示轴网，绘制完成，如图 1-9 所示。

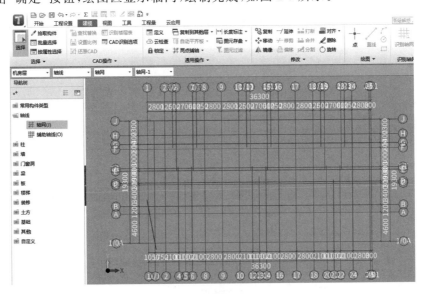

图 1-9 形成轴网

1.4.4 辅轴的绘制

一、两点辅轴

两点辅轴,即定位一条直线上的任意两点所创建的辅助轴线。

操作步骤

【第一步】 在"建模"页签下"通用操作"分组中单击"两点辅轴"按钮,如图 1-10 所示。

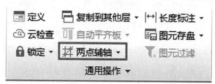

图 1-10 两点辅轴(1)

【第二步】 先单击两点辅轴的第一点,再单击两点辅轴的第二点,两点辅轴生成,同时弹出对话框提示用户输入所创建的两点辅轴的轴号,输入轴号单击"确定"按钮即可,如图 1-11 所示。

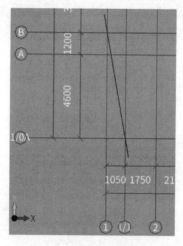

图 1-11 两点辅轴(2)

二、平行辅轴

平行辅轴就是与主轴网中的轴线或与已画好的辅轴相平行并间隔一段距离的辅助轴线。

操作步骤

【第一步】 在"建模"页签下"通用操作"分组中单击"平行辅轴"按钮,如图 1-12 所示。

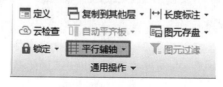

图 1-12 平行辅轴

【第二步】　单击选择基准轴线,则弹出对话框提示用户输入平行辅轴的偏移距离及轴号,如图 1-13 所示。

图 1-13　偏移－600

如果选择的是水平轴线,则偏移距离正值向上,负值向下;如果选择的是垂直轴线,则偏移距离正值向右,负值向左。

【第三步】　输入偏移距离和辅轴轴号单击"确定"按钮,平行辅轴即可建立,同时软件标注出了基准轴线到辅轴的距离。

三、删除辅轴

在绘制过程中,如需要将原有的辅助轴线删除,可以在任意图元执行"通用操作"分组中的"删除辅轴"功能来实现,如图 1-14 所示。

软件操作:先单击"删除辅轴",再选择需要删除的辅轴即可。

图 1-14　删除辅轴

课堂训练 3

根据图纸,完成轴网的绘制,并练习辅助轴网的绘制。

课堂小结

1.建工程:工程名称、抗震等级、设防烈度、檐高等工程信息输入;计算图集选择。

2.建楼层:插入楼层、屋面层、地下层、基础层;确定首层及各层层高、层底标高;混凝土强度等级、保护层厚度。

3.建轴网:正交轴网、弧形轴网的建立与编辑;辅助轴线绘制、编辑及应用技巧。

课后任务

1.在哪里可以调整"钢筋比重"?

2.如果不修改"抗震等级""混凝土强度等级""保护层厚度"会对哪些钢筋量产生影响?

3.怎样建立楼层? 如何确定各楼层底标高?

4.为什么要修改首层底标高为"－0.05"?

项目二

首层工程量计算

 思维导图

首层工程量计算思维导图如图 2-1 所示。

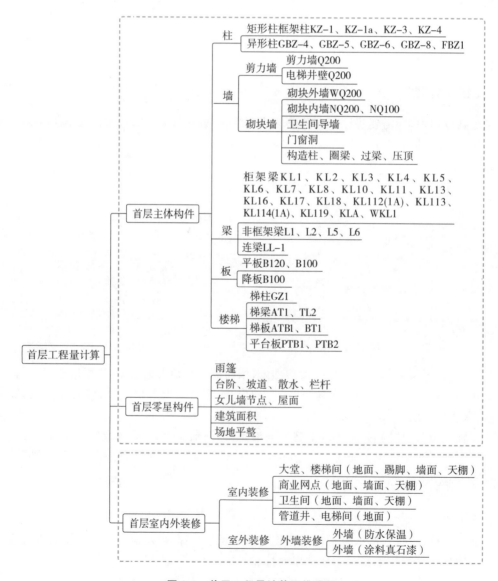

图 2-1 首层工程量计算思维导图

学习目标

能力目标:能够读懂图纸,重点查看首层图纸建筑与结构施工图及计算规则的相关信息;能够在软件建模界面新建并绘制首层主体构件柱、墙、梁、板、楼梯及室内外装修部分;会用软件计算基本构件的工程量、汇总首层构件工程量;会用软件做工程;能掌握工程识图、算量、计价等基本理论和造价电算等技能。

知识目标:了解各分部分项相应的施工工艺和流程;掌握施工工艺中影响工程造价的部分,熟悉柱、墙、梁、板、楼梯的钢筋平法规则及清单定额计算规则,从而更准确地从事算量、清单编制及定额组价工作。

素质目标:以"工程案例"启智慧,以"行业标准"强规范,以"工程事故"铭责任,使学生德技兼修,奠定扎实的专业基础,树立诚信、务实、严谨的工作作风,培养沟通合作的团队精神;如果不熟悉行业规范标准,或缺乏实际施工现场经验,只会按图纸计算工程量,就容易脱离实际,那么必然导致错算、漏算,进一步还会影响工程造价的成本控制;通过实际的项目教学案例来激发学生参与课堂互动讨论的积极性,凸显共性与个性并存的人才培养模式。

2.1 首层主体构件

使用GTJ2018算量软件做实际工程,通过画图的方式,快速建立建筑物的计算模型,软件根据内置的规范实现自动扣减,准确算量。一般按照先主体再零星的原则,即先绘制和计算主体结构,再计算零星构件。

本工程为框剪结构类型,主体结构绘制流程如下:

柱—剪力墙—砌块墙—梁—门窗洞—构造柱—圈梁—过梁—板—楼梯等。

根据结构的不同部位,一般绘制流程为:首层—地上—基础。

轴网绘制完成后,软件默认定位在首层。按照结构的不同部位划分,一般先绘制首层。

2.1.1 首层柱的工程量计算

一、分析图纸

分析图纸结施-03,基础—4.150墙、柱施工图。可以得到柱的截面信息,本层包括矩形框架柱、扶壁柱及异形柱,主要信息见表2-1。

表 2-1 柱的截面信息

序号	类型	名称	混凝土标号	截面尺寸	标高	钢筋信息
1	矩形框架柱	KZ1	C30	400×400	基础−4.150	详见结施-03
		KZ1a	C30	400×400	基础−4.150	
		KZ3	C30	300×300	基础−4.150	
		KZ4	C30	300×300	基础−4.150	
2	扶壁柱	FBZ1	C30	200×300	基础−4.150	
3	异形柱	GBZ4	C30	详见结施-03 异形柱截面尺寸	基础−4.150	
		GBZ5	C30		基础−4.150	
		GBZ6	C30		基础−4.150	
		GBZ8	C30		基础−4.150	

在首层柱的工程量计算中,我们以矩形柱、异形柱为例介绍建模计算柱的方法。

二、柱清单、定额计算规则(表 2-2)

表 2-2 柱清单、定额计算规则

计算项	单位	计算规则
混凝土体积	m³	柱:按设计图示尺寸以体积计算。 (1)柱与板相连接的柱高,应自柱基上表面(或楼板上表面)至上一层楼板上表面之间的高度计算。 (2)带柱帽的柱,柱与板相连接的柱高,应自柱基上表面(或楼板上表面)至柱帽下表面之间的高度计算。柱帽工程量合并柱工程量内计算。柱帽工程量算至板底。 (3)框架柱的柱高应自柱基上表面至柱顶高度计算。 (4)构造柱的柱高按全高计算,嵌接墙体部分(马牙槎)并入柱身体积
模板面积	m²	(1)现浇混凝土构件模板,除另有规定者外,均按模板与混凝土的接触面积(不扣除后浇带所占面积)计算。 (2)现浇钢筋混凝土柱、梁、板、墙的支模高度是指设计室内地坪至板底、梁底或板面至板底、梁底之间的高度,以 3.6 m 以内为准。超过 3.6 m 部分模板超高支撑费用,按超过部分模板面积,套用相应定额乘以 1.2^n(n 为超过 3.6 m 后每超过 1 m 的次数,若超过高度不足 1.0 m 时,舍去不计)。支模高度超过 8 m 时,按施工方案另行计算。 以柱为例,支撑高度超过 3.6 m 工程量为(柱高−3.6)×边长,套用相应定额以的系数为: ①当柱高≥3.6 m 且＜4.6 m 时,$n=0$,超过高度不足 1.0 m 时,舍去不计; ②当柱高≥4.6 m 且＜5.6 m 时,$n=1$,套用相应定额乘以系数 1.2; ③当柱高≥5.6 m 且＜6.6 m 时,$n=2$,套用相应定额乘以系数 1.44; ④当柱高≥6.6 m 且＜7.6 m 时,$n=3$,套用相应定额乘以系数 1.728; ⑤当柱高≥7.6 m 且＜8 m 时,$n=4$,套用相应定额以系数 2.074

注,柱工程量包括:①混凝土体积;②钢筋质量;③模板面积;④超高模板的面积。

在画柱时,应遵循的步骤:①定义;②绘制;③计算。

三、矩形柱

1.矩形柱属性的定义

(1)矩形柱的新建

下面以 KZ-1 为例,具体操作步骤如图 2-2 所示。

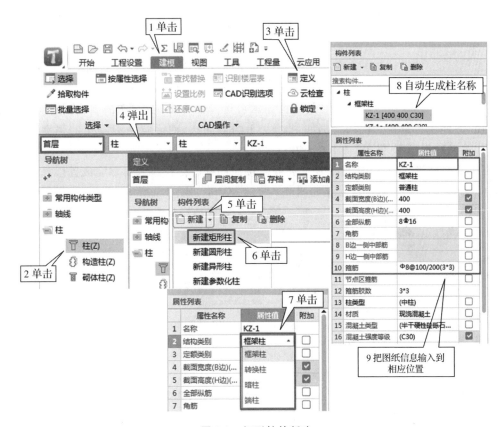

图 2-2　矩形柱的新建

在建模模块导航树中单击"柱"文件夹,使其展开,单击"柱",单击"定义",进入柱的定义界面。单击构件列表中的"新建",选择"新建矩形柱"。"属性列表"默认名称 KZ-1,单击结构类型选择"框架柱",对照图纸结施-03 完成 KZ-1 截面尺寸及钢筋信息的输入。

属性列表编辑说明:

①名称:软件默认按 KZ-1、KZ-2 顺序生成,可根据实际情况,手动修改名称。此处按默认名称 KZ-1 即可。

②结构类别:柱的类别有以下几种,框架柱、转换柱、暗柱和端柱,对于 KZ-1,在下拉框中选择"框架柱"类别。

③截面高和截面宽:按图纸输入"400""400"。

④全部纵筋:输入柱的全部纵筋 8C16,该项在"角筋""B 边一侧中部筋""H 边一侧中部筋"均为空时才允许输入,不允许与这三项同时输入。

⑤角筋:输入柱的角筋,按照柱表 KZ-1,此处输入"4C16"。

B 边一侧中部筋:输入柱的 B 边一侧中部筋,按照柱表 KZ-1,此处输入"1C16"。

H 边一侧中部筋:输入柱的 H 边一侧的中部筋,按照柱表 KZ-1,此处输入"1C16"。

⑥箍筋:输入柱的箍筋信息,按照柱表 KZ-1,此处输入"A8@100/200"。

肢数:输入柱的箍筋肢数,按照柱表 KZ-1,此处输入"3×3"。

注意事项:在 GTJ2018 中,用 A、B、C、D 分别代表一、二、三、四级钢筋,输入"4B22"。表示 4 根直径为 22 的二级钢筋;软件中箍筋输入时可以用"-"来代替"@"输入,使输入更方便。

⑦柱类型:分为中柱、边柱和角柱,对顶层柱的顶部锚固和弯折有影响,中间层均按中柱。

在进行柱定义时,不用修改,在顶层可以使用软件提供的"自动判断边角柱"功能来判断柱的类型。

⑧其他箍筋:如果柱中和参数图中有不同的箍筋或者拉筋,可以在"其他箍筋"中输入。

新建箍筋,输入参数和钢筋信息计算钢筋量;本构件没有,不输入。

⑨附加:附加列在每个构件属性的后面显示可选择的方框,被勾选的项,将被附加到构件名称后面,方便用户查找和使用。例如,把 KZ-1 的截面高、截面宽及混凝土的强度等级勾选上,KZ-1 的名称就显示为"KZ-1 400×400 C30"。

KZ-1 的属性输入完毕,构件的定义完成。按照同样的操作步骤可以完成首层其他框架柱的新建:KZ-1a 如图 2-3 所示;KZ-3 如图 2-4 所示;KZ-4 如图 2-5 所示。

	属性名称	属性值	附加
1	名称	KZ-1a	
2	结构类别	框架柱	☐
3	定额类别	普通柱	☐
4	截面宽度(B边)(	400	☑
5	截面高度(H边)(	400	☑
6	全部纵筋	8Φ16	☐
7	角筋		
8	B边一侧中部筋		☐
9	H边一侧中部筋		☐
10	箍筋	Φ8@100/200(3	☐
11	节点区箍筋		
12	箍筋胶数	3*3	☐
13	柱类型	(中柱)	☐
14	材质	现浇混凝土	☐
15	混凝土类型	(半干硬性砼…	☐
16	混凝土强度等级	(C30)	☑

图 2-3　KZ-1a

	属性名称	属性值	附加
1	名称	KZ-3	
2	结构类别	框架柱	☐
3	定额类别	普通柱	☐
4	截面宽度(B边)(	300	☑
5	截面高度(H边)(	300	☑
6	全部纵筋	4Φ16+4Φ14	☐
7	角筋		
8	B边一侧中部筋		☐
9	H边一侧中部筋		☐
10	箍筋	Φ6@100(3*3)	☐
11	节点区箍筋		
12	箍筋胶数	3*3	☐
13	柱类型	(中柱)	☐
14	材质	现浇混凝土	☐
15	混凝土类型	(半干硬性砼…	☐
16	混凝土强度等级	(C30)	☑

图 2-4　KZ-3

	属性名称	属性值	附加
1	名称	KZ-4	
2	结构类别	框架柱	☐
3	定额类别	普通柱	☐
4	截面宽度(B边)(	300	☑
5	截面高度(H边)(	300	☑
6	全部纵筋	4Φ16+4Φ14	☐
7	角筋		
8	B边一侧中部筋		☐
9	H边一侧中部筋		☐
10	箍筋	Φ8@100/200(3	☐
11	节点区箍筋		
12	箍筋胶数	3*3	☐
13	柱类型	(中柱)	☐
14	材质	现浇混凝土	☐
15	混凝土类型	(半干硬性砼…	☐
16	混凝土强度等级	(C30)	☑

图 2-5　KZ-4

(2)矩形柱的套项

构件定义完成,需要进行套做法操作。套做法是指构件按照计算规则计算汇总出工程量,方便进行同类项汇总,同时对接计价软件中的数据。

以 KZ-1 添加定额为例,单击"构件做法"添加定额,操作方法如图 2-6 所示。

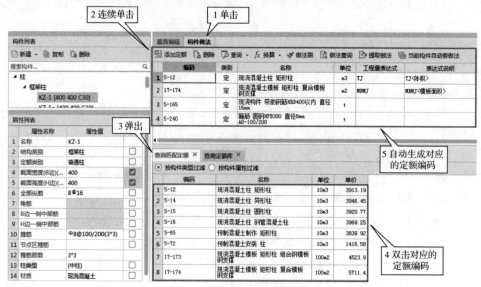

图 2-6　单击"构件做法"添加定额

课堂训练 1

根据实训图纸,完成柱构件 KZ-1、KZ-1a、KZ-3、KZ-4 的新建。

2. 矩形柱的绘制

矩形柱属性定义完毕,双击构件列表空白处,切换到建模界面。软件默认的是"点"画法,如图 2-7 所示。

图 2-7　建模界面

(1)轴心柱:点画法

点画法是柱最常用的绘制方法,在正交轴网中会被更多的运用。选择柱构件,然后和图纸对应,在相应的轴线交点处单击,这样就完成了轴心柱的布置。

(2)偏心柱:点画、查改标注或快捷键法。

按照结施-03 中柱的位置,KZ-1、KZ-1a、KZ-3、KZ-4 都是偏心构件。以 KZ-1 为例,软件设置偏心柱,常用如下两种布置方法。

①点画、查改标注、修改标注尺寸,如图 2-8 所示(针对已经画好的柱)。

操作步骤

【第一步】　点画柱,和图纸对应,在 1 轴和 B 轴交点处单击,这样 KZ-1 就完成了轴心柱的布置。再单击"柱二次编辑"分组下的"查改标注"。

【第二步】　依次修改标注信息,全部修改后右击结束命令。

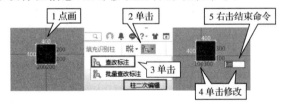

图 2-8　设置偏心柱

②快捷键法(正在画偏心柱时)。

首先按住 Ctrl 键,然后用点画的方法布置 KZ-1,可以按照图纸上面的标注,修改柱的偏心位置,操作同上述第二步。

课堂训练 2

根据实训图纸,按两种偏心柱的设置方法完成 KZ-1、KZ-1a、KZ-3、KZ-4 的绘制。

3.矩形柱的汇总计算

单击如图 2-9 所示的"汇总计算",在弹出的批量选择对话框中勾选首层框架柱,单击"确定"按钮。

图 2-9 矩形柱的汇总计算

（1）查看工程量

框选所有的框架柱图元,单击如图 2-9 所示的"查看工程量",可查看构件图元工程量,如图 2-10 所示。

（2）查看钢筋量

框选所有的框架柱图元,单击如图 2-9 所示的"查看钢筋量",可查看框架柱的钢筋量,如图 2-11 所示。

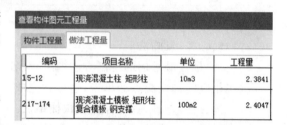

查看构件图元工程量

	构件工程量	做法工程量		
编码	项目名称		单位	工程量
15-12	现浇混凝土柱 矩形柱		10m3	2.3841
217-174	现浇混凝土模板 矩形柱 复合模板 钢支撑		100m2	2.4047

图 2-10 查看构件图元工程量

钢筋总质量（kg）：3156.903

	楼层名称	构件名称	钢筋总质量（kg）	HPB300			HRB400			
				6	8	合计	8	14	16	合计
12	首层	KZ-1[1059]	80.892		36.652	36.652			44.24	44.24
13		KZ-1[1060]	81.554		37.73	37.73			43.824	43.824
14		KZ-1[1061]	81.122		37.73	37.73			43.392	43.392
15		KZ-1[1062]	81.338		37.73	37.73			43.608	43.608
16		KZ-1[1064]	81.338		37.73	37.73			43.608	43.608
17		KZ-1[1065]	81.338		37.73	37.73			43.608	43.608
18		KZ-1[1066]	81.338		37.73	37.73			43.608	43.608
19		KZ-1[1067]	81.338		37.73	37.73			43.608	43.608
20		KZ-1[1068]	81.338		37.73	37.73			43.608	43.608
21		KZ-1[1069]	81.338		37.73	37.73			43.608	43.608
22		KZ-1[1071]	81.554		37.73	37.73			43.824	43.824
23		KZ-1[1091]	81.338		37.73	37.73			43.608	43.608
24		KZ-1[1092]	81.122		37.73	37.73			43.392	43.392
25		KZ-1[1096]	81.554		37.73	37.73			43.824	43.824
26		KZ-1a[1094]	81.554				37.73		43.824	81.554
27		KZ-1a[1095]	81.554				37.73		43.824	81.554
28		KZ-3[1084]	77.052	35.165		35.165		15.728	26.159	41.887
29		KZ-3[1085]	77.052	35.165		35.165		15.728	26.159	41.887
30		KZ-3[1086]	77.052	35.165		35.165		15.728	26.159	41.887
31		KZ-3[1087]	77.052	35.165		35.165		15.728	26.159	41.887
32		KZ-3[1088]	77.052	35.165		35.165		15.728	26.159	41.887
33		KZ-3[1089]	77.052	35.165		35.165		15.728	26.159	41.887
34		KZ-3[49111]								
35		KZ-4[1075]	71.702		42.1	42.1		10.359	19.243	29.602
36		KZ-4[1076]	71.291		42.1	42.1		10.359	18.832	29.191
37		KZ-4[1077]	71.291		42.1	42.1		10.359	18.832	29.191
38		KZ-4[1078]	71.291		42.1	42.1		10.359	18.832	29.191
39		KZ-4[1079]	71.291		42.1	42.1		10.359	18.832	29.191
40		KZ-4[1080]	71.291		42.1	42.1		10.359	18.832	29.191
41		KZ-4[1081]	71.702		42.1	42.1		10.359	19.243	29.602
42		合计	3156.903	210.99	1230.404	1441.394	75.46	166.881	1473.168	1715.509

图 2-11 查看钢筋量

单击单个框架柱图元,可查看单个图元对应的量。

单击"查看计算式",可查看单个图元的计算公式及与其他构件图元的扣减关系。

单击"钢筋三维",即可实现图元钢筋空间排布。

注意事项: 如修改某个构件图元,一定要重新汇总计算。

四、异形柱

1. 异形柱的属性定义

(1)异形柱的新建

以异形柱 GBZ-4 为例,操作步骤如图 2-12 所示。

①单击"新建",选择"新建异形柱"。

②在弹出的"异形截面编辑器"对话框中,单击"设置网格",弹出"定义网格"对画框。

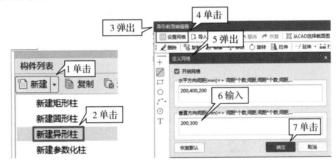

图 2-12 新建异形柱

③对照图纸 GBZ-4 截面尺寸(图 2-13),水平方向输入 200,400,200,垂直方向输入 200,300,单击"确定"按钮。

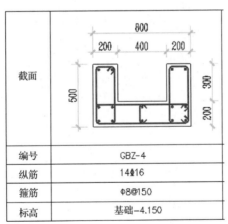

截面	
编号	GBZ-4
纵筋	14⌀16
箍筋	Φ8@150
标高	基础-4.150

图 2-13 GBZ-4 截面尺寸

注意: 定义网格时,异形柱水平尺寸与垂直尺寸是按照水平向右,垂直从下到上的顺序输入。

a. 用直线绘制异形柱截面的具体方法如图 2-14 所示。

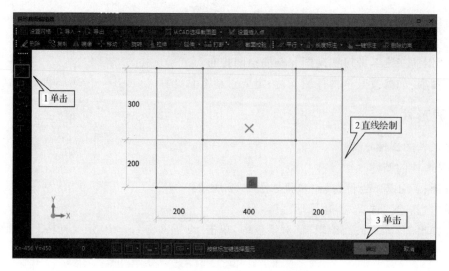

图 2-14 用直线绘制异形柱截面

b. 截面编辑

在如图 2-15 所示的"属性列表"里,把名称改为"GBZ-4",结构类型选"暗柱",即生成新建暗柱 GBZ-4;在"截面编辑"里先布置纵筋后布置箍筋和拉筋,即输入纵筋 14C16,再切换箍筋按钮,输入箍筋 A8@150,选矩形绘制,输入拉筋 A8@150,选直线绘制。

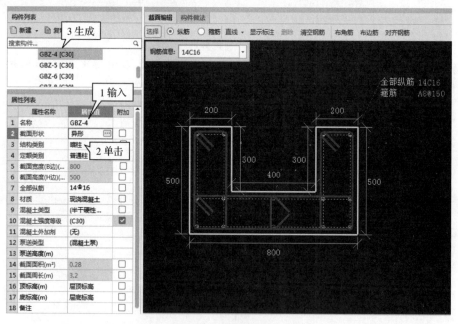

图 2-15 截面编辑

按上述操作,完成其他暗柱的属性定义,如图 2-16～图 2-19 所示。

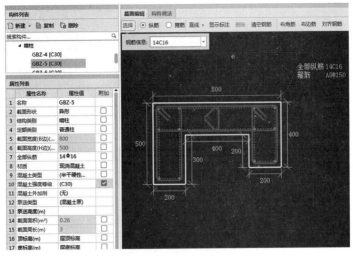

图 2-16　GBZ-5 属性定义

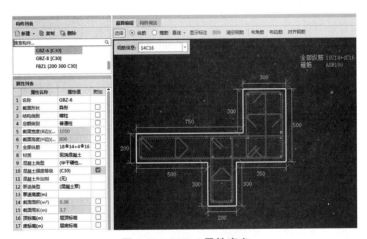

图 2-17　GBZ-6 属性定义

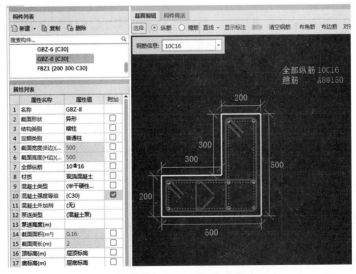

图 2-18　GBZ-8 属性定义

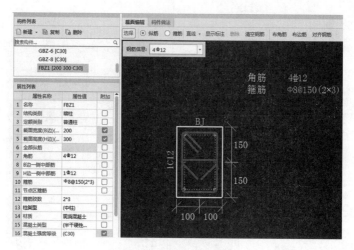

图 2-19 FBZ1 属性定义

（2）异形柱的套项

定额明确了混凝土墙计算规则：与墙连接的暗柱并入墙内计算，平行嵌入墙上的连梁全部并入墙内计算，模板并入墙内按墙的含模量计算，如遇超高另算超高模板增加费。如果墙将暗柱覆盖，异形柱的混凝土和模板工程量就已在墙工程量里，只有钢筋需要单独计算。

在剪力墙结构中暗柱套用做法应该套剪力墙定额子目。即便套用的是异形柱子目，在算量软件中绘制墙时也应该用墙将暗柱覆盖，否则房间就形不成封闭。

课堂训练3

根据实训图纸，完成异形柱 GBZ-5、GBZ-6、GBZ-8、FBZ1 的新建。

2. 异形柱的绘制

根据图纸上异形柱的位置，点画即可。

对于异形柱，在画柱时如果需要调整柱的端头方向，则按下列步骤进行。

操作步骤

【第一步】 按 F3 键即可左右调整柱的端头方向（按住 Shift 键同时按 F3 键可以上下调整）。

【第二步】 调整好后，用左键画柱即可。

完成的首层框架柱、扶壁柱、异形柱的平面布置图及三维效果如图 2-20、图 2-21 所示。

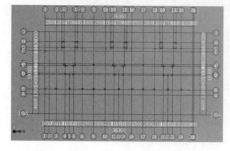

图 2-20 平面布置图

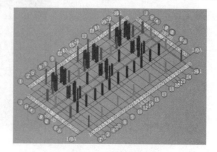

图 2-21 三维效果

课堂训练4

根据实训图纸，完成首层框架柱、剪力墙暗柱的定义与绘制。

小技巧

复制：在“修改”工具栏完成或用鼠标右键选择。

镜像：对于有对称关系的柱(构件)，用“修改”工具栏或鼠标右键选择“镜像”，首先选中柱图元，然后选择镜像轴的第一个点、第二个点，即可完成。

批量选择：F3

显示/隐藏构件图元：Z

显示/隐藏构件图元名称：Shift＋Z

3.异形柱的汇总计算

单击“汇总计算”，在弹出的批量选择对话框中“勾选首层暗柱”，单击“确定”按钮。即可出现如图 2-22、图 2-23 所示的构件工程量和钢筋工程量。

查看构件图元工程量

构件工程量　做法工程量

清单工程量　定额工程量　显示房间、组合构件量　只显示标准层单层量

	楼层	材质	混凝土标号	名称	截面形状	工程量名称							
						周长(m)	体积(m3)	模板面积(m2)	超高模板面积(m2)	数量(根)	脚手架面积(m2)	高度(m)	截面面积(m2)
1	首层	现浇混凝土	C30	FBZ1 [200 300 C30]	矩形柱	3	0.756	7.248	0.768	3	0	12.6	0.18
2					小计	3	0.756	7.248	0.768	3	0	12.6	0.18
3				GBZ-4 [C30]	异形柱	19.2	9.492	90.132	31.164	6	0	33.9	1.68
4					小计	19.2	9.492	90.132	31.164	6	0	33.9	1.68
5				GBZ-5 [C30]	异形柱	18	8.814	84.312	29.904	6	0	33.9	1.56
6					小计	18	8.814	84.312	29.904	6	0	33.9	1.56
7				GBZ-6 [C30]	异形柱	22.2	9.072	80.3655	0	6	0	25.2	2.16
8					小计	22.2	9.072	80.3655	0	6	0	25.2	2.16
9				GBZ-8 [C30]	异形柱	12	0	0	0	6	0	25.2	0.96
10					小计	12	0	0	0	6	0	25.2	0.96
11				小计		74.4	28.134	262.0575	61.836	27	0	130.8	6.54
12			小计			74.4	28.134	262.0575	61.836	27	0	130.8	6.54

图 2-22　构件工程量

导出到Excel

钢筋总质量（kg）：5252.088

	楼层名称	构件名称	钢筋总质量(kg)	HPB300		HRB400			
				8	合计	12	14	16	合计
1	首层	GBZ-4[1363]	216.523	80.73	80.73			135.793	135.793
2		GBZ-4[1367]	216.523	80.73	80.73			135.793	135.793
3		GBZ-4[1368]	216.523	80.73	80.73			135.793	135.793
4		GBZ-4[1369]	216.523	80.73	80.73			135.793	135.793
5		GBZ-4[1370]	216.523	80.73	80.73			135.793	135.793
6		GBZ-4[1371]	216.523	80.73	80.73			135.793	135.793
7		GBZ-5[1365]	213.442	77.649	77.649			135.793	135.793
8		GBZ-5[1366]	213.442	77.649	77.649			135.793	135.793
9		GBZ-5[1372]	213.442	77.649	77.649			135.793	135.793
10		GBZ-5[1373]	213.442	77.649	77.649			135.793	135.793
11		GBZ-5[1374]	213.442	77.649	77.649			135.793	135.793
12		GBZ-5[1375]	213.442	77.649	77.649			135.793	135.793
13		GBZ-6[1203]	277.56	145.95	145.95		105.066	26.544	131.61
14		GBZ-6[1204]	277.56	145.95	145.95		105.066	26.544	131.61
15		GBZ-6[1219]	277.56	145.95	145.95		105.066	26.544	131.61
16		GBZ-6[1222]	277.56	145.95	145.95		105.066	26.544	131.61
17		GBZ-6[1224]	277.56	145.95	145.95		105.066	26.544	131.61
18		GBZ-6[1227]	277.56	145.95	145.95		105.066	26.544	131.61
19		GBZ-8[1201]	142.981	49.452	49.452			93.529	93.529
20		GBZ-8[1205]	142.981	49.452	49.452			93.529	93.529
21		GBZ-8[1220]	142.981	49.452	49.452			93.529	93.529
22		GBZ-8[1221]	142.981	49.452	49.452			93.529	93.529
23		GBZ-8[1225]	142.981	49.452	49.452			93.529	93.529
24		GBZ-8[1226]	142.981	49.452	49.452			93.529	93.529
25		FBZ1[1192]	49.684	23.98	23.98	25.704			25.704
26		FBZ1[1218]	49.684	23.98	23.98	25.704			25.704
27		FBZ1[1223]	49.684	23.98	23.98	25.704			25.704
28		合计:	5252.088	2194.626	2194.626	77.112	630.396	2349.954	3057.462

图 2-23　钢筋工程量

○ 小技巧

查看工程量时,框选所有的柱图元,看总量;查看计算式,看单个图元的量及与其他构件图元的扣减关系。

注意事项:如修改某个构件图元,一定要重新汇总计算。

画柱的三维效果的过程,对于我们认识图纸有重要意义:学习建模的过程,也就是在学习看图纸,顺便也得到了工程量。建模的过程,就是在脑海里盖房子,软件是想象力的延伸。勤加练习操作,就能融会贯通。

2.1.2 首层墙的工程量计算

一、剪力墙

1.分析图纸

分析结施-03,基础—4.150墙、柱施工图。可以从墙身表得到剪力墙墙身的截面信息(表2-3),从剪力墙梁表得到连梁的截面信息(表2-4),连梁是剪力墙的一部分。

本层剪力墙墙身包括大堂水暖井壁、电梯井壁剪力墙;剪力墙连梁在电梯门洞口之上。

表2-3 结施-03 剪力墙墙身截面信息

序号	类型	混凝土标号	水平分布筋	垂直分布筋	拉筋	标高	备注
1	200 mm 厚剪力墙	C30	⏀10@200	⏀10@200	φ6@600	−0.1～+5.6	大堂水暖井壁
2	200 mm 厚剪力墙	C30	⏀10@200	⏀10@200	φ6@600	−0.1～+4.15	电梯井壁

表2-4 剪力墙连梁截面信息

序号	类型	梁截面	上部钢筋	下部钢筋	侧面纵筋	箍筋	备注
1	连梁 LL-1 (层顶标高)	200×1 950	4⏀18 2/2	4⏀18 2/2	⏀10@200	φ8@100(2)	电梯洞口上

说明:结施-03中E轴电梯洞口处LL-1、建施-07中LL-1下方有门窗洞。因此剪力墙Q1通画,然后绘制洞口,再绘制LL-1。

2.剪力墙清单、定额计算规则(表2-5)

表2-5 剪力墙清单、定额计算规则

计算项	计算规则
混凝土体积	1.墙:按设计图示尺寸以体积计算,扣除门窗洞口及0.3 m² 以外孔洞所占体积,墙垛及凸出部分并入墙体积内计算。 2.直形墙中门窗洞口上的梁及短肢剪力墙结构砌体内门窗洞口上的梁并入梁体积。 3.墙与柱相连接时,墙算至柱边;墙与梁相连接时,墙算至梁底面;墙与板相连接时,板算至墙侧面;未凸出墙面的暗梁、暗柱并合并墙体积计算。 4.电梯井壁与墙连接时,以电梯井壁外边线为界,外边线以内为电梯井壁,外边线以外为墙。 5.短肢剪力墙是指截面厚度≤300 mm,各肢截面宽度与厚度之比的最大值>4且≤8的剪力墙;各肢截面宽度与厚度之比的最大值≤4的剪力墙执行柱项目

续表

计算项	计算规则
模板面积	1.现浇钢筋混凝土柱、梁、板、墙的支模高度是指设计室内地坪至板底、梁底或板面至板底、梁底之间的高度,以 3.6 m 以内为准。超过 3.6 m 部分模板超高支撑费用,按超过部分模板面积,套用相应定额乘以 1.2^n(n 为超过 3.6 m 后每超过 1 m 的次数,当超过高度不足 1.0 m 时,舍去不计)。支模高度超过 8 m 时,按施工方案另行计算。 以柱为例,支撑高度超过 3.6 m 工程量为(柱高-3.6)×边长。 ①当柱高≥3.6 m 且<4.6 m 时,n=0,超过高度不足 1.0 m 时,舍去不计; ②当柱高≥4.6 m 且<5.6 m 时,n=1,套用相应定额乘以系数 1.2; ③当柱高≥5.6 m 且<6.6 m 时,n=2,套用相应定额乘以系数 1.44; ④当柱高≥6.6 m 且<7.6 m 时,n=3,套用相应定额乘以系数 1.728; ⑤当柱高≥7.6 m 且<8 m 时,n=4,套用相应定额乘以系数 2.074。 2.现浇钢筋混凝土构件模板,除另有规定者外,均按模板与混凝土的接触面积(不扣除后浇带所占面积)计算。 3.电梯井壁、电梯间顶盖按建筑物自然层层高确定支模高度

注:剪力墙工程量包括:1.混凝土体积;2.钢筋质量;3.模板面积;4.超高模板的面积。

在 CTJ2018 中,墙分为剪力墙、砌体墙、保温墙、幕墙四类,同时还包括砌体加筋、暗梁、墙垛等相关构件。通过选择墙的类型与材质,常见的各种墙体都可以处理。

3.剪力墙的属性定义

(1)剪力墙的新建(图 2-24)

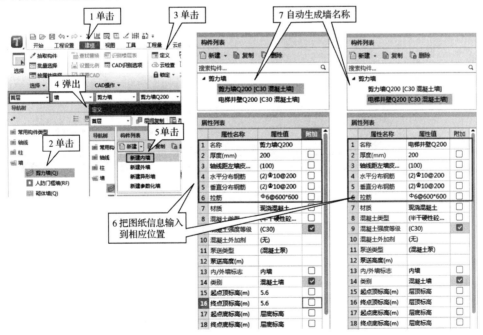

图 2-24　剪力墙的新建

注意:剪力墙 Q200 位于大堂位置,与电梯井壁 Q200 的顶标高不同,按属性列表填写起点、终点顶标高为 5.6 m。

(2)剪力墙的套项

①剪力墙 Q200 做法套用如图 2-25 所示。

	编码	类别	名称	单位	工程量表达式	表达式说明
1	5-25	定	现浇混凝土墙 直形墙 混凝土	m3	TJ	TJ〈体积〉
2	17-197	定	现浇混凝土模板 直形墙 复合模板 钢支撑	m2	MBMJ	MBMJ〈模板面积〉
3	17-246 *1.44	换	现浇混凝土模板 墙支撑 支撑高度超过3.6m每超过1m 钢支撑 单价*1.44	m2	CGMBMJ	CGMBMJ〈超高模板面积〉
4	5-162	定	现浇构件 带肋钢筋HRB400以内 直径10mm	t		
5	5-239	定	箍筋 圆钢HPB300 直径6.5mm	t		

图 2-25　剪力墙 Q200 做法套用

②电梯井壁 Q200 做法套用如图 2-26 所示

	编码	类别	名称	单位	工程量表达式	表达式说明
1	5-29	定	现浇混凝土墙 电梯井壁直形墙 C30	m3	TJ	TJ〈体积〉
2	17-204	定	现浇混凝土模板 电梯井壁 复合模板 钢支撑	m2	MBMJ	MBMJ〈模板面积〉
3	5-162	定	现浇构件 带肋钢筋HRB400以内 直径10mm	t		
4	5-239	定	箍筋 圆钢HPB300 直径6.5mm	t		

图 2-26　电梯井壁 Q200 做法套用

4. 剪力墙的绘制

墙是典型的线性构件,软件默认是直线画法。

墙定义完毕后,双击构件列表空白处,切换到建模绘图界面,按软件默认的是"直线"画法且按顺时针方向绘图。以电梯井壁 Q200 为例,操作过程如图 2-27 所示。

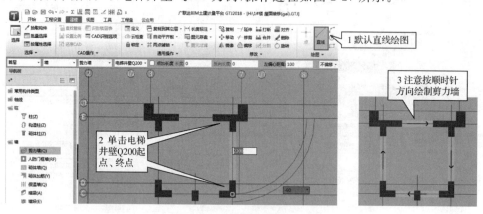

图 2-27　电梯井壁 Q200 绘制

○小技巧

暗柱和剪力墙之间应该怎么绘制?

1. 暗柱在剪力墙端头位置,则绘制到暗柱内边线与满画,对于钢筋计算是一样的。

2. 暗柱在剪力墙转角位置或者非端头位置,则需要剪力墙满画暗柱。

首层框架柱、异形柱、剪力墙的三维效果如图 2-28 所示。

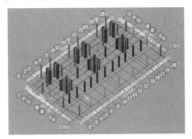

图 2-28　首层框架柱、异形柱、剪力墙的三维效果

5.剪力墙的汇总计算

(1)构件工程量(图 2-29)

楼层	材质	厚度	名称	面积(m2)	体积(m3)	模板面积(m2)	超高模板面积(m2)	外脚手架(外墙外脚手架面积)(m2)	里脚手架(外墙内脚手架面积)(m2)	里脚手架(内墙内脚手架面积)(m2)	墙厚(m)	墙高(m)	长度(m)
首层	现浇混凝土	200	电梯井壁Q200	0	15.312	153.84	21.24	0	0	97.911	2.4	50.4	27.9
			剪力墙Q200	0	8.226	83.262	28.176	0	0	99.9	2.4	67.8	18
			小计	0	23.538	237.102	49.416	0	0	197.811	4.8	118.2	45.9
		小计		0	23.538	237.102	49.416	0	0	197.811	4.8	118.2	45.9
	小计			0	23.538	237.102	49.416	0	0	197.811	4.8	118.2	45.9
合计				0	23.538	237.102	49.416	0	0	197.811	4.8	118.2	45.9

图 2-29　剪力墙构件工程量

(2)钢筋工程量(图 2-30)

钢筋总质量(kg):2098.532

楼层名称	构件名称	钢筋总质量(kg)	HPB300 6	HPB300 合计	HRB400 10	HRB400 合计
首层	剪力墙Q200[1480]	80.17	0.726	0.726	79.444	79.444
	剪力墙Q200[1481]	80.17	0.726	0.726	79.444	79.444
	剪力墙Q200[1482]	80.17	0.726	0.726	79.444	79.444
	剪力墙Q200[1483]	80.17	0.726	0.726	79.444	79.444
	剪力墙Q200[1484]	80.17	0.726	0.726	79.444	79.444
	电梯井壁Q200[1253]	111.742	1.188	1.188	110.554	110.554
	电梯井壁Q200[1255]	111.742	1.188	1.188	110.554	110.554
	电梯井壁Q200[1256]	103.834	1.056	1.056	102.778	102.778
	电梯井壁Q200[1260]	104.742	1.188	1.188	103.554	103.554
	电梯井壁Q200[1261]	103.834	1.056	1.056	102.778	102.778
	电梯井壁Q200[1262]	111.742	1.188	1.188	110.554	110.554
	电梯井壁Q200[1265]	111.742	1.188	1.188	110.554	110.554
	电梯井壁Q200[1266]	103.834	1.056	1.056	102.778	102.778
	电梯井壁Q200[1267]	111.742	1.188	1.188	110.554	110.554
	电梯井壁Q200[48837]	40.36			40.36	40.36
	电梯井壁Q200[48838]	40.36			40.36	40.36
	电梯井壁Q200[48839]	40.36			40.36	40.36
合计:		2098.532	19.008	19.008	2079.524	2079.524

图 2-30　剪力墙钢筋工程量

二、填充墙

1.分析图纸（表 2-6）

表 2-6　　　　　　　　　　分析建通-01、建施-01、建通-09 图纸

序号	类型	砌筑砂浆	材质	标高	备注
1	200 mm 厚砌块外墙	M5 的混合砂浆	蒸压加气混凝土砌块	-0.1～+4.15	梁下墙
2	200 mm 厚砌块内墙	M5 的混合砂浆	蒸压加气混凝土砌块	-0.1～+4.15	梁下墙
3	100 mm 厚砌块内墙	M5 的混合砂浆	蒸压加气混凝土砌块	-0.1～+4.15	梁下墙
4	60 mm 厚砌块外墙	M5 的混合砂浆	蒸压加气混凝土砌块	5.7～6.1	大堂屋面挑檐挡墙

2.砌块墙清单、定额计算规则（表 2-7）

表 2-7　　　　　　　　　　砌块墙清单、定额计算规则

计算项	计算规则
砌块墙	1.砖砌体和砌块砌体不分内、外墙，均执行对应品种的砖和砌块项目，其中：多孔砖、空心砖及砌块砌筑有防水、防潮要求的墙体，若下部是以普通（实心）砖砌筑的，则该部分与上部墙身主体需分别计算，下部套用零星砌体项目。 2.砖墙、砌块墙按设计图示尺寸以体积计算。 (1)应扣除：门窗、洞口、嵌入墙内的钢筋混凝土柱、梁（包括圈梁、挑梁、过梁）及凹进墙内的壁龛、管槽、暖气槽、消火栓箱、门窗侧面预埋的混凝土块所占体积。 不扣除：梁头、板头、檩头、垫木、木楞头、沿缘木、木砖、门窗走头、砖墙内加固钢筋、木筋、铁件、钢管及单个面积在 0.3 m² 以内的孔洞所占的体积。 不增加：凸出墙面的腰线、挑檐、压顶、窗台线、虎头砖、门窗套的体积。凸出墙面的砖垛并入墙体体积内计算。 (2)墙长度：外墙按中心线、内墙按净长计算。 (3)墙高度： ①外墙：有钢筋混凝土楼板隔层者算至板顶；平屋顶算至钢筋混凝土板底。 ②内墙：有钢筋混凝土楼板隔层者算至楼板底；有框架梁时算至梁底。 ③女儿墙：从屋面板上表面算至女儿墙顶面（如有混凝土压顶时算至压顶下表面）。 (4)墙厚度：按设计图示尺寸计算。 (5)框架间墙：不分内、外墙，按墙体净尺寸以体积计算。 (6)附墙烟囱、通风道、垃圾道应按设计图示尺寸以体积（扣除孔洞所占体积）计算并入所依附的墙体体积内。不扣除每一个孔洞横截面在 0.1 m² 以下的体积。当设计规定孔洞内需抹灰时，另按墙柱面工程相应项目执行
填充墙	按设计图示尺寸以填充墙外形体积计算，其中实心砖砌体部分已包括在项目内，不另行计算

3.砌块墙的属性定义

在砌块墙构件中，应用最广泛的构件就是外墙和内墙。这里我们以外墙为例，在建立墙体时需要先看建筑设计说明图纸来确定墙体类型、砌体材料、砂浆等级等，同时还需要在结构设计说明中查看砌体墙是否需要加筋，再依据首层建筑施工图内外墙名称、厚度进行新建、套项、绘制。

(1)砌块墙的新建

新建砌块墙的方法参见新建剪力墙的方法。以外墙砌块 WQ200 为例，操作步骤如图 2-31 所示。

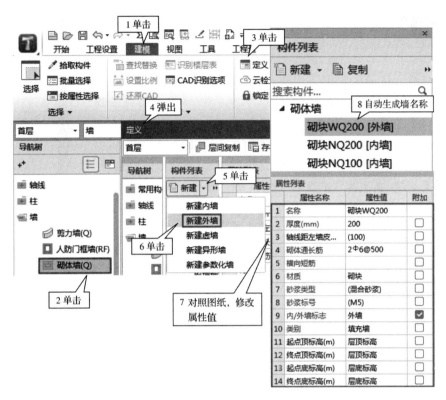

图 2-31　砌块墙的新建

按照同样的操作步骤可以完成新建首层其他内外墙体。

首层墙体的属性列表,如图 2-32～图 2-36 所示。

	属性名称	属性值	附加
1	名称	砌块WQ200	
2	厚度(mm)	200	
3	轴线距左墙皮...	(100)	
4	砌体通长筋	2Φ6@500	
5	横向短筋		
6	材质	砌块	
7	砂浆类型	(混合砂浆)	
8	砂浆标号	(M5)	
9	内/外墙标志	外墙	☑
10	类别	填充墙	
11	起点顶标高(m)	层顶标高	
12	终点顶标高(m)	层顶标高	
13	起点底标高(m)	层底标高	
14	终点底标高(m)	层底标高	

图 2-32　砌块 WQ200 属性列表

	属性名称	属性值	附加
1	名称	砌块NQ200	
2	厚度(mm)	200	
3	轴线距左墙皮...	(100)	
4	砌体通长筋	2Φ6@500	
5	横向短筋		
6	材质	砌块	
7	砂浆类型	(混合砂浆)	
8	砂浆标号	(M5)	
9	内/外墙标志	内墙	☑
10	类别	填充墙	
11	起点顶标高(m)	层顶标高	
12	终点顶标高(m)	层顶标高	
13	起点底标高(m)	层底标高	
14	终点底标高(m)	层底标高	

图 2-33　砌块 NQ200 属性列表

	属性名称	属性值	附加
1	名称	砌块NQ100	
2	厚度(mm)	100	
3	轴线距左墙皮...	(50)	
4	砌体通长筋	2Φ6@500	
5	横向短筋		
6	材质	砌块	
7	砂浆类型	(混合砂浆)	
8	砂浆标号	(M5)	
9	内/外墙标志	内墙	☑
10	类别	填充墙	
11	起点顶标高(m)	层顶标高	
12	终点顶标高(m)	层顶标高	
13	起点底标高(m)	层底标高	
14	终点底标高(m)	层底标高	

图 2-34　砌块 NQ100 属性列表

	属性名称	属性值	附加
1	名称	附墙烟道砌块WQ200	
2	厚度(mm)	200	
3	轴线距左墙皮...	(100)	
4	砌体通长筋	2Φ6@500	
5	横向短筋		
6	材质	砌块	
7	砂浆类型	(混合砂浆)	
8	砂浆标号	(M5)	
9	内/外墙标志	外墙	☑
10	类别	填充墙	
11	起点顶标高(m)	层顶标高	
12	终点顶标高(m)	层顶标高	
13	起点底标高(m)	层底标高	
14	终点底标高(m)	层底标高	

图 2-35　附墙烟道砌块 WQ200 属性列表

	属性名称	属性值	附加
1	名称	大堂挑檐挡墙砌块WQ60	
2	厚度(mm)	60	
3	轴线距左墙皮...	(30)	
4	砌体通长筋		
5	横向短筋		
6	材质	砌块	
7	砂浆类型	(混合砂浆)	
8	砂浆标号	(M5)	
9	内/外墙标志	外墙	☑
10	类别	填充墙	
11	起点顶标高(m)	5.6+0.5	
12	终点顶标高(m)	5.6+0.5	
13	起点底标高(m)	5.6+0.12	
14	终点底标高(m)	5.6+0.12	

图 2-36　大堂挑檐挡墙砌块 WQ60 属性列表

○ 说 明

①砌体墙名称同图纸,在后面标注厚度,方便布置墙体时选择对应的构件。

②修改砌体墙厚度,同名称中的标注厚度。

③按照结构说明中填充墙砌体拉结钢筋要求输入砌体通长筋。

④材质项在后面下拉菜单中选择对应的墙体材质。

⑤砂浆类型根据建筑说明图选择为混合砂浆。

⑥砂浆标号同建筑说明为M5。

⑦类别中,在下拉菜单选择对应的墙体类别,框架结构为填充墙。

⑧墙体标高中,软件默认高度是层高,无特殊要求时不需要修改;若有要求,则需要根据工程实际进行修改。如首层墙体只有60墙按实际高度进行修改,其他墙体按照软件默认的高度进行设置。软件会根据定额的计算规则对砌块墙和混凝土相交的地方进行自动处理。

⑨内、外墙标志在建立构件时已经确定,所以不需要修改。

⑩若墙体中还有其他钢筋,则需要在钢筋业务中"其他钢筋"输入。

(2)砌块墙的套项

①砌块 WQ200 做法套用如图 2-37 所示。

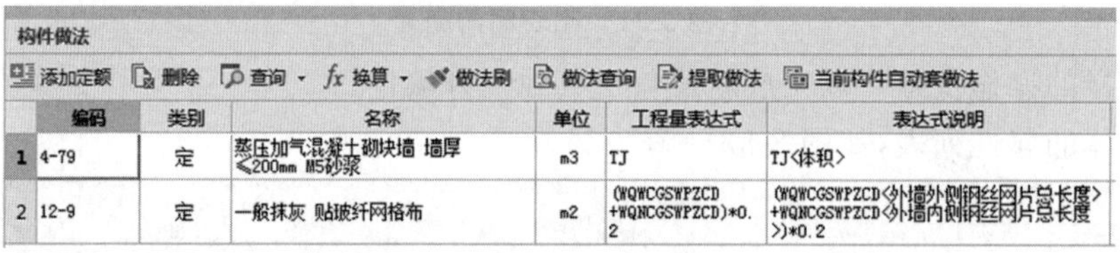

图 2-37 砌块 WQ200 做法套用

②砌块 NQ200 做法套用如图 2-38 所示。

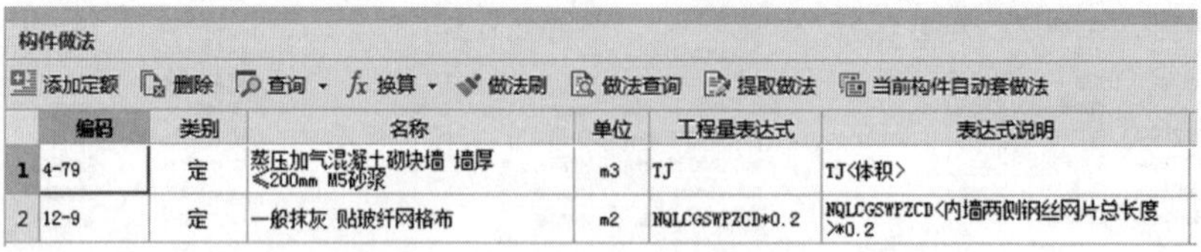

图 2-38 砌块 NQ200 做法套用

③砌块 NQ100 做法套用如图 2-39 所示。

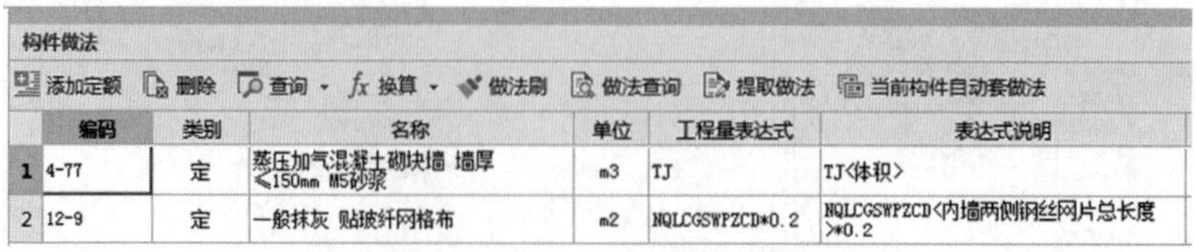

图 2-39 砌块 NQ100 做法套用

④附墙烟道砌块 WQ200 做法套用如图 2-40 所示。

	编码	类别	名称	单位	工程量表达式	表达式说明
1	4-79	定	蒸压加气混凝土砌块墙 墙厚≤200mm M5砂浆	m3	TJ+0.5*2.9*4.2	TJ〈体积〉+0.5*2.9*4.2
2	12-9	定	一般抹灰 贴玻纤网格布	m2	WQWCGSWPZCD*0.2	WQWCGSWPZCD〈外墙外侧钢丝网片总长度〉*0.2

图 2-40　附墙烟道砌块 WQ200 做法套用

⑤大堂挑檐挡墙砌块 WQ60 做法套用 2-41 所示。

	编码	类别	名称	单位	工程量表达式	表达式说明
1	4-77	定	蒸压加气混凝土砌块墙 墙厚≤150mm M5砂浆	m3	TJ	TJ〈体积〉
2	12-9	定	一般抹灰 贴玻纤网格布	m2	WQWCGSWPMJ	WQWCGSWPMJ〈外墙外侧满挂钢丝网片面积〉

图 2-41　大堂挑檐挡墙砌块 WQ60 做法套用

4.砌块墙的绘制

墙是典型的线性构件,在"建模"中选择"直线",绘制时采用的是同画剪力墙一样的直线画法。绘制完成后的三维效果如图 2-42 所示。

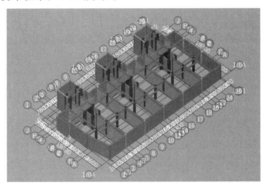

图 2-42　砌块墙三维效果

2.1.3　首层梁的工程量计算

一、分析图纸

参照结施-08,标高 4.150 梁施工图,图中的梁按类别分为有楼层框架梁和非框架梁,以及 1/0A 轴的屋面框架梁。每道梁的集中标注、原位标注详见结施-08。

二、梁清单、定额计算规则(表 2-8)

表 2-8　　　　　　　　　　　　　　　梁清单、定额计算规则

计算项	计算规则
混凝土体积	混凝土工程梁:按设计图示尺寸以体积计算,伸入砖墙内的梁头、梁垫并入梁体积内。 ①梁与柱连接时,梁长算至柱侧面。 ②主梁与次梁连接时,次梁长算至主梁侧面。 ③圈梁、压顶按设计图示尺寸以体积计算。 ④圈梁与过梁连接者,分别套用圈梁、过梁定额,其过梁长度按门、窗口外围宽度两端共加 50 cm 计算

续表

计算项	计算规则
模板面积	(1)现浇混凝土构件模板，除另有规定者外，均按模板与混凝土的接触面积(不扣除后浇带所占面积)计算。 (2)现浇钢筋混凝土柱、梁、板、墙的支模高度是指设计室内地坪至板底、梁底或板面至板底、梁底之间的高度，以3.6 m以内为准。超过3.6 m部分模板超高支撑费用，按超过部分模板面积，套用相应定额乘以1.2^n(n为超过3.6 m后每超过1 m的次数，当超过高度不足1.0 m时，舍去不计)。支模高度超过8 m时，按施工方案另行计算。 以柱为例，支撑高度超过3.6 m工程量为(柱高-3.6)×边长： ①当柱高≥3.6 m且<4.6 m时，$n=0$，超过高度不足1.0 m时，舍去不计； ②当柱高≥4.6 m且<5.6 m时，$n=1$，套用相应定额乘以系数1.2； ③当柱高≥5.6 m且<6.6 m时，$n=2$，套用相应定额乘以系数1.44； ④当柱高≥6.6 m且<7.6 m时，$n=3$，套用相应定额乘以系数1.728； ⑤当柱高≥7.6 m且<8 m时，$n=4$，套用相应定额乘以系数2.074

注，梁构件的工程量：1.混凝土的体积；2.模板的面积；3.超高模板的面积；4.钢筋的质量。

在处理构件之前，建议大家先绘制好柱、墙等构件，可以与梁构件形成准确的支座关系。在这节，我们先了解一下几种不同梁的绘制方法。在画梁的时候，遵循的步骤是定义-绘制-计算。

三、梁属性的定义

本节主要介绍首层框架梁、非框架梁、连梁的属性定义，其中首层框架梁包括楼层框架梁和屋面框架梁。

1.楼层框架梁的属性定义

(1)新建

以KL7(3)为例来讲解楼层框架梁的属性定义。在软件界面左侧导航树构件列表中选择"梁"文件夹构件组的"梁"构件，单击"定义"进入梁定义构件列表，单击新建下拉菜单下的"新建矩形梁"，在属性列表输入KL7(3)图纸中的集中标注里各属性的值，如图2-43所示。

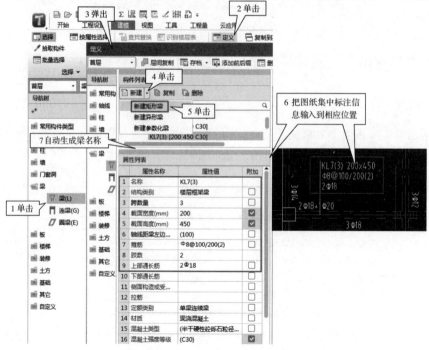

图2-43 楼层框架梁的新建

（2）套项

楼层框架梁套项如图 2-44 所示。

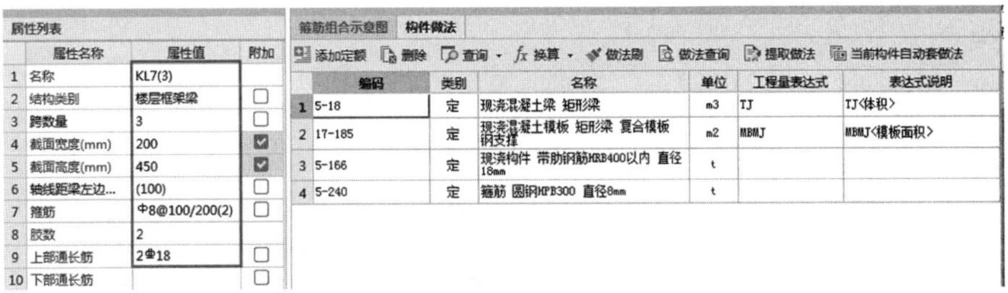

图 2-44　楼层框架梁套项

梁构件的标注包含集中标注和原位标注两种标注信息。在新建梁时，主要输入其集中标注信息。

【属性编辑说明】

名称：按照图纸输入 KL7(3)。

①类别：梁的类别下拉框选项中有 7 类，按照实际情况，此处选择"楼层框架梁"，如图 2-45 所示。

②截面尺寸：KL7(3)的截面尺寸为 200×450，截面宽度和截面高度分别输入 200 和 450。

③轴线距梁左边：按照软件默认，保留"(100)"；用来设置梁的中心线相对于轴线的偏移，软件默认梁中心线与轴线重合，即 200 的梁，轴线距左边线的距离为 100，此处 KL7 中心线与轴线重合，不用修改。

④跨数量：名称输入"KL1(3)"后，自动取"3"跨。

⑤箍筋：输入 A8@100/200(2)。

⑥肢数：自动取箍筋信息中的肢数，箍筋信息中不输入"(2)"时，可以手动在此处输入"2"。

图 2-45　属性列表

⑦上部通长筋：按照图纸输入"2C18"。

⑧下部通长筋：输入方式与上部通长筋一致，KL7(3)没有下部通长筋，此处不输入。

⑨侧面纵筋：格式"G 或 N+数量+级别+直径"，KL7(3)没有侧面纵筋，此处不输入。

⑩拉筋：按照计算设置中设定的拉筋信息自动生成，没有侧面钢筋时，软件不计算拉筋。软件默认的是规范规定的拉筋信息。

⑪起点顶标高、终点顶标高：软件默认高度是层顶标高，无特殊要求时不需要修改；若有要求，需要根据工程实际进行修改。

2.屋面框架梁的属性定义

（1）新建

对于屋面框架梁，在属性的"类别"中选择相应的类别，其他的属性与框架梁的输入方式一致。结施-08 上名称为 WKL1(6)的梁是屋面框架梁，选择相应的类别，并按上面介绍的楼层框架梁的定义进行属性值的输入，如图 2-46 所示。

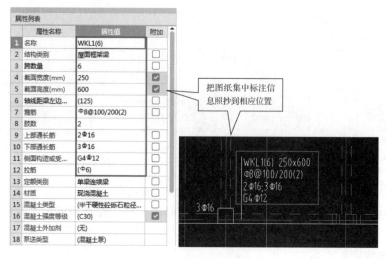

图 2-46　屋面框架梁属性

（2）套项（图 2-47）

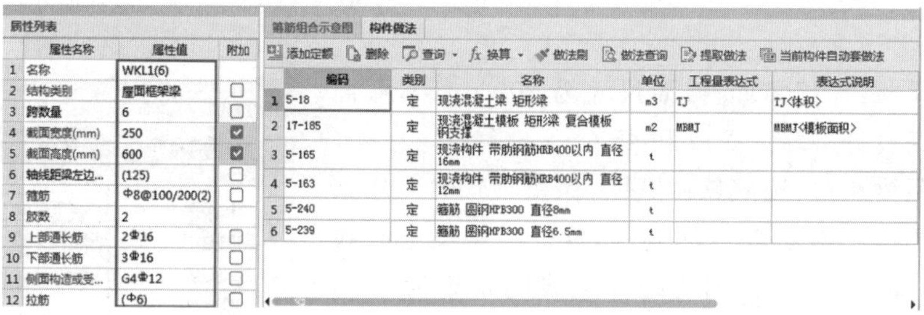

图 2-47　屋面框架梁套项

3.非框架梁的属性定义

（1）新建

以 L1(2) 为例来介绍非框架梁的属性定义，如图 2-48 所示。对于非框架梁，在属性的"结构类别"中选择非框架梁，其他的属性与框架梁的输入方式一致。

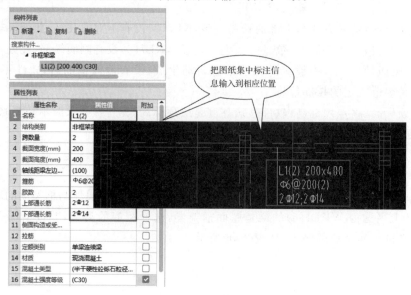

图 2-48　非框架梁的新建

（2）套项（图2-49）

属性列表

	属性名称	属性值	附加
1	名称	L1(2)	
2	结构类别	非框架梁	☐
3	跨数量	2	
4	截面宽度(mm)	200	☑
5	截面高度(mm)	400	☑
6	轴线距梁左边...	(100)	
7	箍筋	Φ6@200(2)	
8	胶数	2	
9	上部通长筋	2Φ12	☐
10	下部通长筋	2Φ14	☐
11	侧面构造或受...		☐

钢筋组合示意图　构件做法

📋 添加定额　📋 删除　📋 查询▾　*fx* 换算▾　📋 做法刷　📋 做法查询　📋 提取做法　📋 当前构件自动套做法

	编码	类别	名称	单位	工程量表达式	表达式说明
1	5-18	定	现浇混凝土梁 矩形梁	m3	TJ	TJ<体积>
2	17-185	定	现浇混凝土模板 矩形梁 复合模板钢支撑	m2	MBMJ	MBMJ<模板面积>
3	5-163	定	现浇构件 带肋钢筋HRB400以内 直径12mm	t		
4	5-164	定	现浇构件 带肋钢筋HRB400以内 直径14mm	t		
5	5-239	定	箍筋 圆钢HPB300 直径6.5mm	t		

图 2-49　非框架梁套项

课堂训练4

根据实训图纸，完成首层其他梁构件的定义，按照同样的操作步骤完成新建首层其他梁构件的定义（图2-50）。

构件列表

📋 新建▾　📋 复制　📋 删除　📋 层间复制　📋 存档　📋 提取 ▸

🔍 搜索构件...

▲ 梁
　▲ 楼层框架梁
　　KL1(3) [200 400 C30]
　　KL2(3) [200 450 C30]
　　KL3(1) [200 400 C30]
　　KL4(1) [200 400 C30]
　　KL5(2) [200 400 C30]
　　KL6(3) [200 450 C30]
　　KL7(3) [200 450 C30]
　　KL8(12) [200 400 C30]
　　KL10(2) [250 500 C30]
　　KL11(3) [200 400 C30]
　　KL13(1) [200 400 C30]
　　KL16(1) [200 400 C30]
　　KL18(2) [200 400 C30]
　　KL112(1A) [250 500 C30]
　　KL113(1) [200 400 C30]
　　KL114(1A) [200 400 C30]
　　KL119(1) [250 500 C30]
　　KL17(1) [200 400 C30]
　　TL1（投影已合）[200 400 C30]
　　TL2（投影已合）[200 400 C30]
　　KLA（投影已合）(图篷梁KL16(1)变更为KLA) [250 500 C30]
　　KL3(1)* [200 450 C30]
　▲ 屋面框架梁
　　WKL1(6) [250 600 C30]
　▲ 非框架梁
　　L1(2) [200 400 C30]
　　L2(1) [200 400 C30]
　　L5(1) [200 300 C30]
　　L6(2) [200 350 C30]

图 2-50　新建首层其他梁构件的定义

4.连梁的属性定义

在建模模块导航树中单击"梁"文件夹，使其展开，单击"连梁"，单击"定义"按钮，进入连梁的定义界面。单击构件列表中的"新建"，选择"新建矩形连梁"。"属性列表"默认名称LL-1，对照图纸结施-03完成如图2-51所示LL-1截面尺寸及钢筋信息的输入，按剪力墙电梯井壁套项。

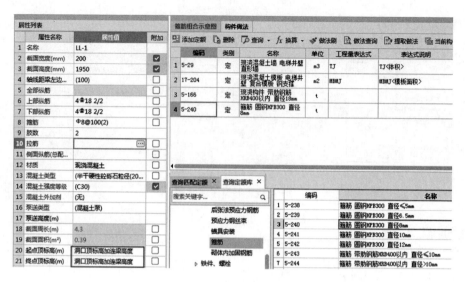

图 2-51　连梁属性的定义

四、梁的绘制

1. 框架梁与非框架梁的绘制

打开图纸结施-03,与墙一样,梁是非常典型的线性构件,其所使用的绘制方式也与墙完全相同。需要注意的是,梁绘制完毕后,图上显示为粉色,表示还没有进行梁跨的提取和原位标注的输入。由于梁是以柱和墙为支座的,因此提取梁跨和原位标注之前,需要绘制好所有的支座。

没有原位标注的梁,可以通过提取梁跨来把梁的颜色变为绿色。

有原位标注的梁,可以通过输入原位标注来把梁的颜色变为绿色。

软件中用粉色和绿色对梁进行区别,目的是提醒用户哪些梁已经进行了原位标注,便于用户检查,防止出现忘记输入原位标注,影响计算结果的情况。

下面主要介绍梁原位标注的处理方法。梁在绘制完成后需要进行原位标注,与属性中的集中标注信息结合起来进行钢筋的计算。

（1）原位标注

【使用背景】根据梁图纸,输入梁的原位标注处的钢筋信息。

操作步骤

【第一步】　在"梁二次编辑"分组中选择"原位标注"功能,如图 2-52 所示。

【第二步】　在绘图区域选择需要进行原位标注的梁,在图 2-53 所示对应的位置输入图2-54 所示原位标注的信息。

图 2-52　选择"原位标注"功能

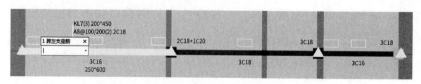

图 2-53　输入原位标注

图 2-54　原位标注信息

◯ 说明

在进行原位标注时,梁的下部钢筋可以输入更多的信息,如图 2-55、图 2-56 所示。

图 2-55　梁的下部钢筋信息(1)

图 2-56　梁的下部钢筋信息(2)

(2)重提梁跨

【使用背景】当遇到以下问题时,可以使用"重提梁跨"功能。

①原位标注计算梁的钢筋需要重提梁跨,软件在提取了梁跨后才能识别梁的跨数、梁支座信息并进行计算。

②由于图纸变更或编辑梁支座信息,导致梁支座减少或增加,影响了梁跨数量,使用"重提梁跨"可以重新提取梁跨信息。

操作步骤

【第一步】　在"梁二次编辑"分组中选择如图 2-57 所示"重提梁跨"。

【第二步】　在绘图区域选择梁图元,出现图 2-58 所示信息,单击"确定"按钮即可。

图 2-57　选择"重提梁跨"

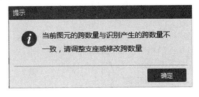

图 2-58　单击"确定"按钮

(3)删除支座

【使用背景】　识别的梁或绘制的梁,提取梁跨后支座信息与图纸不符,要删除支座时可以使用此功能。

操作步骤

【第一步】　在"梁二次编辑"分组中选择如图 2-59 所示"删除支座"。

【第二步】　左键在绘图区域选择如图 2-60 所示支座图元。

图 2-59　选择"删除支座"

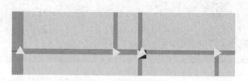

图 2-60　选择支座图元

【第三步】　选择要删除的支座,在弹出的提示中单击"确定"按钮,如图 2-61、图 2-62 所示。

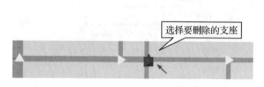

图 2-61　选择要删除的支座

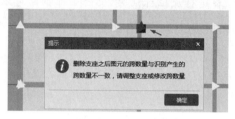

图 2-62　单击"确定"按钮

(4)设置支座

【使用背景】如果存在梁跨数与集中标注不符的情况,则可使用此功能进行支座的设置工作。

操作步骤

【第一步】　在"梁二次编辑"分组中选择"设置支座",如图 2-63 所示。

【第二步】　选择需要设置支座的梁。

【第三步】　选择或框选作为支座的图元,右击确认。

(5)应用到同名梁

【使用背景】当图纸中有多个同名梁,例如有 6 道 KL3,需要快速输入所有梁的钢筋信息时,可以使用"应用到同名梁"功能。

操作步骤

【第一步】　在"梁二次编辑"分组中选择"应用到同名梁",如图 2-64 所示。

图 2-63　选择"设置支座"

图 2-64　选择"应用到同名梁"

【第二步】　选择应用规则,包括:同名称未提取跨梁、同名称已提取跨梁、所有同名称梁,如图 2-65 所示。在绘图区域选择梁图元,右击确定,完成操作。

图 2-65　选择应用规则

（6）生成吊筋

【使用背景】在做实际工程时，吊筋和次梁加筋的布置方式一般都是在结构设计总说明中集中说明的，此时需要批量布置吊筋和次梁加筋。本工程只有次梁加筋。

操作步骤

【第一步】　主、次梁绘制完成，在"梁二次编辑"分组中选择"生成吊筋"，如图 2-66 所示。

【第二步】　在"生成吊筋"界面选择生成位置并设置次梁加筋信息，单击"确定"按钮，如图 2-67 所示。

图 2-66　生成吊筋（1）

图 2-67　生成吊筋（2）

【第三步】　软件生成方式支持"选择图元"和"选择楼层"，"选择图元"在楼层中选择需要生成吊筋的梁，右击确定。"选择楼层"则在右侧选择需要生成吊筋的楼层，该楼层中所有的梁均生成吊筋。

○ 说 明

生成的吊筋和次梁加筋信息会同步到梁平法表格中。

（7）查改吊筋

【使用背景】已经使用"生成吊筋"生成了吊筋和次梁加筋，需要修改单个吊筋或次梁加筋的信息。

操作步骤

【第一步】　在"梁二次编辑"分组中选择"查改吊筋"，如图 2-68 所示，单击需要修改的吊筋，选中后吊筋信息和次梁加筋信息变为可修改状态。

【第二步】　输入要修改的吊筋信息和次梁加筋信息。

【第三步】　输入完成后，回车，或者鼠标单击其他区域，完成对该位置吊筋信息和次梁加筋信息的修改，回车，软件会自动跳转到其他吊筋位置。

图 2-68　选择"查改吊筋"

（8）删除吊筋

【使用背景】已经使用"自动生成吊筋"生成了吊筋和次梁加筋，需要删除生成的某些吊筋和次梁加筋。

操作步骤

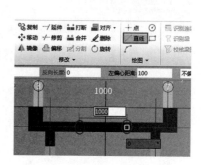

【第一步】 在"梁二次编辑"分组中选择"删除吊筋"。

【第二步】 单击或者拉框选择需要删除的吊筋和次梁加筋，右击确定。

2. 连梁 LL-1 的绘制

与墙一样，用直线绘制连梁，在暗柱边开始绘制就可以，如图 2-69 所示。

图 2-69 在暗柱边绘制连梁

五、梁的汇总计算

1. 做法工程量（图 2-70）

编码	项目名称	单位	工程量	单价	合价
15-18	现浇混凝土梁 矩形梁	10m3	3.7906	3887.89	14737.4358
217-185	现浇混凝土模板 矩形梁 复合模板 钢支撑	100m2	3.651524	5256.86	19195.5505

图 2-70 做法工程量

2. 钢筋工程量（图 2-71）

钢筋总质量（kg）: 6594.069

	构件名称	钢筋总质量(kg)	HPB300			HRB400						
楼层名称			6	8	合计	12	14	16	18	20	25	合计
1	KL1 (3) [1762]	212.894	1.6	61.786	63.386	10.866		138.64				149.508
2	KL10 (2) [1763]	192.53	4.8	42.28	47.08	34.88		110.57				145.45
3	KL10 (2) [1764]	192.53	4.8	42.28	47.08	34.88		110.57				145.45
4	KL11 (3) [1765]	219.134	3	55.6	58.6	20.816		139.718				160.534
5	KL112 (1A) [1766]	110.73	3.4	25.972	29.372	19.216		62.142				81.358
6	KL113 (1) [1767]	29.36		7.776	7.776			21.584				21.584
7	KL114 (1A) [1768]	39.007		11.664	11.664			27.343				27.343
8	KL119 (1) [1769]	98.224	2.4	21.14	23.54	18.364		56.32				74.684
9	KL13 (1) [1770]	17.406		4.374	4.374			13.032				13.032
10	KL13 (1) [1771]	17.406		4.374	4.374			13.032				13.032
11	KL13 (1) [1772]	17.406		4.374	4.374			13.032				13.032
12	KL13 (1) [1773]	17.406		4.374	4.374			13.032				13.032
13	KL13 (1) [1774]	17.406		4.374	4.374			13.032				13.032
14	KL13 (1) [1775]	17.406		4.374	4.374			13.032				13.032
15	KL16 (1) [2169]	33.834		12.15	12.15		21.684					21.684
16	KL16 (1) [2172]	33.834		12.15	12.15		21.684					21.684
17	KL16 (1) [2177]	33.834		12.15	12.15		21.684					21.684
18	KL18 (2) [1779]	56.592		24.3	24.3	32.292						32.292
71	KL3 (1)″ [2100]	30.906		8.4	8.4			22.506				22.506
72	KL3 (1)″ [2101]	30.906		8.4	8.4			22.506				22.506
73	KL3 (1)″ [2102]	29.642		8.4	8.4			21.242				21.242
74	KL3 (1)″ [2103]	29.642		8.4	8.4			21.242				21.242
75	KL3 (1)″ [2104]	29.642		8.4	8.4			21.242				21.242
76	KL3 (1)″ [2105]	29.642		8.4	8.4			21.242				21.242
77	合计:	6594.069	124.681	1750.562	1875.243	474.314	515.486	3466.32	225.52	20.086	17.1	4718.826

图 2-71 钢筋工程量

2.1.4 首层门窗洞口的工程量计算

一、分析图纸(表2-9)

表2-9 门窗表(详见建施-13、建施-15)

序号	名称	数量/个	宽/mm	高/mm	离地高度/mm	备注
1	M1524	3	1 500	2 450	0	大堂—普通门
2	FM0707	6	700	700	4 200	水暖井—丙级防火门
3	MLC3535	1	3 500	3 550	0	商业网点—组合门窗
4	MLC3935	5	3 900	3 550	0	商业网点—组合门窗
5	M0821	6	800	2 100	0	商业网点卫生间——普通门
6	电梯门洞	3	1 000	2 200	0	连梁 LL-1 下
7	C1515	6	1 500	1 550	0	商业网点—普通窗
8	C1211	6	1 200	1 100	0	大堂—普通窗
9	C0712	6	700	1 250	0	商业网点卫生间—普通窗
10	C0912	1	900	1 250	0	商业网点侧面—普通窗

二、门窗工程清单、定额计算规则(表2-10)

表2-10 门窗工程清单、定额计算规则

计算项	计算规则
普通木门、窗	1.铝合金门窗(飘窗、阳台封闭除外)、塑钢门窗均按设计图示门窗洞口面积计算。 2.钢质防火门、防盗门按设计图示门洞口面积计算
成品门、窗	成品套装木门安装按设计图示数量计算

三、构件属性的定义

1.门的属性定义

(1)新建矩形门 FM0707(丙级防火门),属性定义如图 2-72 所示。

图 2-72 门 FM0707 的属性定义

(2)新建矩形门 M1524(普通门),属性定义如图 2-73 所示。

图 2-73 门 M1524 的属性定义

(3)新建矩形门 M0821(普通门),属性定义如图 2-74 所示。

属性列表

	属性名称	属性值	附加
1	名称	M0821(普通门)	
2	洞口宽度(mm)	800	☐
3	洞口高度(mm)	2100	☐
4	离地高度(mm)	0	☐
5	框厚(mm)	60	☐
6	立樘距离(mm)	0	☐

构件做法

添加定额 删除 查询 · 换算 · 做法刷 做法查询

	编码	类别	名称	单位	工程量表达式
1	8-10	定	塑钢成品门安装 平开	m2	SL

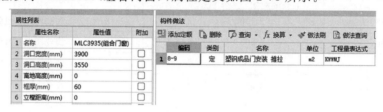

图 2-74 门 M0821 的属性定义

(4)新建矩形门 MLC3535(组合门窗),属性定义如图 2-75 所示。

属性列表

	属性名称	属性值	附加
1	名称	MLC3935(组合门窗)	
2	洞口宽度(mm)	3900	☐
3	洞口高度(mm)	3550	☐
4	离地高度(mm)	0	☐
5	框厚(mm)	60	☐
6	立樘距离(mm)	0	☐

构件做法

添加定额 删除 查询 · 换算 · 做法刷 做法查询

	编码	类别	名称	单位	工程量表达式
1	8-9	定	塑钢成品门安装 推拉	m2	KWWMJ

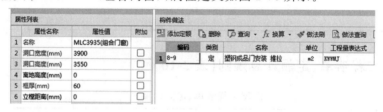

图 2-75 组合门窗 MLC3535 的属性定义

(5)新建矩形门 MLC3935(组合门窗),属性定义如图 2-76 所示。

属性列表

	属性名称	属性值	附加
1	名称	MLC3935(组合门窗)	
2	洞口宽度(mm)	3900	☐
3	洞口高度(mm)	3550	☐
4	离地高度(mm)	0	☐
5	框厚(mm)	60	☐
6	立樘距离(mm)	0	☐

构件做法

添加定额 删除 查询 · 换算 · 做法刷 做法查询

	编码	类别	名称	单位	工程量表达式
1	8-9	定	塑钢成品门安装 推拉	m2	KWWMJ

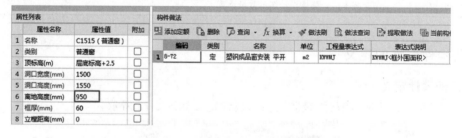

图 2-76 组合门窗 MLC3935 的属性定义

2.窗的属性定义

(1)新建矩形窗 C1515(普通窗),属性定义如图 2-77 所示。

属性列表

	属性名称	属性值	附加
1	名称	C1515(普通窗)	
2	类别	普通窗	☐
3	顶标高(m)	层底标高+2.5	☐
4	洞口宽度(mm)	1500	☐
5	洞口高度(mm)	1550	☐
6	离地高度(mm)	950	☐
7	框厚(mm)	60	☐
8	立樘距离(mm)	0	☐

构件做法

添加定额 删除 查询 · 换算 · 做法刷 做法查询 提取做法 当前构件

	编码	类别	名称	单位	工程量表达式	表达式说明
1	8-72	定	塑钢成品窗安装 平开	m2	KWWMJ	KWWMJ<框外围面积>

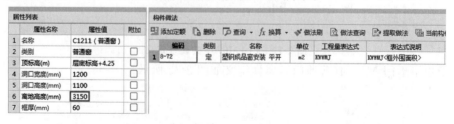

图 2-77 窗 C1515 的属性定义

(2)新建矩形窗 C1211(普通窗),属性定义如图 2-78 所示。

属性列表

	属性名称	属性值	附加
1	名称	C1211(普通窗)	
2	类别	普通窗	☐
3	顶标高(m)	层底标高+4.25	☐
4	洞口宽度(mm)	1200	☐
5	洞口高度(mm)	1100	☐
6	离地高度(mm)	3150	☐
7	框厚(mm)	60	☐

构件做法

添加定额 删除 查询 · 换算 · 做法刷 做法查询 提取做法 当前构件

	编码	类别	名称	单位	工程量表达式	表达式说明
1	8-72	定	塑钢成品窗安装 平开	m2	KWWMJ	KWWMJ<框外围面积>

图 2-78 窗 C1211 的属性定义

(3)新建矩形窗 C0912(普通窗),属性定义如图 2-79 所示。

属性列表

	属性名称	属性值	附加
1	名称	C0912(普通窗)	
2	类别	普通窗	□
3	顶标高(m)	层底标高+2.2	□
4	洞口宽度(mm)	900	□
5	洞口高度(mm)	1250	□
6	离地高度(mm)	950	□
7	框厚(mm)	60	□
8	立樘距离(mm)	0	□

构件做法

添加定额　删除　查询　换算　做法刷　做法查询　提取做法　当前构件

	编码	类别	名称	单位	工程量表达式	表达式说明
1	8-72	定	塑钢成品窗安装 平开	m2	KWWMJ	KWWMJ<框外围面积>

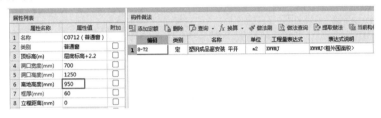

图 2-79　窗 C0912 的属性定义

(4)新建矩形窗 C0712(普通窗),属性定义如图 2-80 所示。

属性列表

	属性名称	属性值	附加
1	名称	C0712(普通窗)	
2	类别	普通窗	□
3	顶标高(m)	层底标高+2.2	□
4	洞口宽度(mm)	700	□
5	洞口高度(mm)	1250	□
6	离地高度(mm)	950	□
7	框厚(mm)	60	□
8	立樘距离(mm)	0	□

构件做法

添加定额　删除　查询　换算　做法刷　做法查询　提取做法　当前构件

	编码	类别	名称	单位	工程量表达式	表达式说明
1	8-72	定	塑钢成品窗安装 平开	m2	KWWMJ	KWWMJ<框外围面积>

图 2-80　窗 C0712 的属性定义

3. 电梯门洞的属性定义(图 2-81)

属性列表

	属性名称	属性值	附加
1	名称	电梯门洞	
2	洞口宽度(mm)	1000	□
3	洞口高度(mm)	2200	□
4	离地高度(mm)	50	□
5	洞口每侧加强筋		□

2-81　电梯门洞的属性定义

四、门窗洞口的绘制

门窗洞口构件属于墙的附属构件,也就是说门窗洞口构件必须绘制在墙上。

1."点"绘制法

门窗最常用的是"点"绘制。对于计算来说,一段墙扣减门窗洞口面积,只要门窗绘制在墙上就可以,一般对于位置要求不用很精确,所以直接采用"点"绘制即可。在点绘制时,软件默认开启动态输入的数值框,可以直接输入一边距墙端头的距离,如图 2-82 所示。

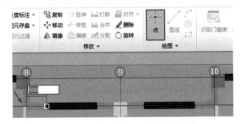

图 2-82　"点"绘制法画门窗

2. 精确布置

当门窗紧邻柱等构件布置时,考虑其上过梁与旁边的柱、墙扣减关系,需要对门窗进行精确定位。如一层平面图中的 G 轴上的 C0712,都是贴着柱边布置的。该功能适用于门、窗、门联窗、墙洞、飘窗,下面以窗为例进行介绍。

操作步骤

【第一步】 在"窗二次编辑"分组中选择"精确布置"

【第二步】 在需要精确布置的墙体上选择一点作为精确布置的起点,拖动鼠标选择方向,在输入框中,输入偏移数值,该数值为窗边线到起点的距离,回车,确认完成。

以绘制 G 轴与 18 轴交点处的 C0712 为例,如图 2-83 所示。先选择"精确布置"功能,再选择 G 轴墙轴线交叉点为精确布置的起点,拖动鼠标选择墙方向,在输入框中,输入偏移数值 300,回车,确认完成。

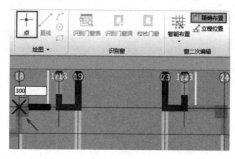

图 2-83 窗 C0712 精确布置

课堂训练 5

根据实训图纸,参照 C0712 属性的定义方法,将剩余的门窗按图纸要求定义并进行绘制。

五、门窗的汇总计算

1. 门构件工程量(图 2-84)

查看构件图元工程量

构件工程量 | 做法工程量

○ 清单工程量 ● 定额工程量 ☑ 显示房间、组合构件量 ☑ 只显示标准层单层量

	楼层	名称	洞口宽度	洞口高度	工程量名称							
					洞口面积(m2)	框外围面积(m2)	外接矩形洞口面积(m2)	数量(樘)	洞口三面长度(m)	洞口宽度(m)	洞口高度(m)	洞口周长(m)
1	首层	FM0707(丙级防火门)[2C16]	700	700	2.94	2.94	2.94	6	12.6	4.2	4.2	16.8
2				小计	2.94	2.94	2.94	6	12.6	4.2	4.2	16.8
3			小计		2.94	2.94	2.94	6	12.6	4.2	4.2	16.8
4		M0821(普通门)	800	2100	10.08	10.08	10.08	6	30	4.8	12.6	34.8
5				小计	10.08	10.08	10.08	6	30	4.8	12.6	34.8
6			小计		10.08	10.08	10.08	6	30	4.8	12.6	34.8
7		M1524(普通门)	1500	2450	11.025	11.025	11.025	3	19.2	4.5	7.35	23.7
8				小计	11.025	11.025	11.025	3	19.2	4.5	7.35	23.7
9			小计		11.025	11.025	11.025	3	19.2	4.5	7.35	23.7
10		MLC3535(组合窗门)	3500	3550	12.425	12.425	12.425	1	10.6	3.5	3.55	14.1
11				小计	12.425	12.425	12.425	1	10.6	3.5	3.55	14.1
12			小计		12.425	12.425	12.425	1	10.6	3.5	3.55	14.1
13		MLC3935(组合窗门)	3900	3550	69.225	69.225	69.225	5	55	19.5	17.75	74.5
14				小计	69.225	69.225	69.225	5	55	19.5	17.75	74.5
15			小计		69.225	69.225	69.225	5	55	19.5	17.75	74.5
16		小计			105.695	105.695	105.695	21	127.4	36.5	45.45	163.9
17		合计			105.695	105.695	105.695	21	127.4	36.5	45.45	163.9

图 2-84 门构件工程量

2. 窗构件工程量(图 2-85)

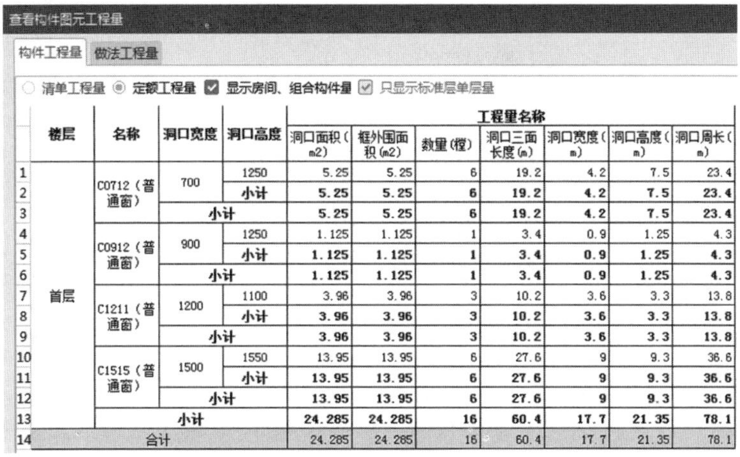
查看构件图元工程量

构件工程量 做法工程量

○ 清单工程量 ◉ 定额工程量 ☑ 显示房间、组合构件量 ☑ 只显示标准层单层量

	楼层	名称	洞口宽度	洞口高度	工程量名称						
					洞口面积(m2)	框外围面积(m2)	数量(樘)	洞口三面长度(m)	洞口宽度(m)	洞口高度(m)	洞口周长(m)
1	首层	C0712(普通窗)	700	1250	5.25	5.25	6	19.2	4.2	7.5	23.4
2				小计	5.25	5.25	6	19.2	4.2	7.5	23.4
3			小计		5.25	5.25	6	19.2	4.2	7.5	23.4
4		C0912(普通窗)	900	1250	1.125	1.125	1	3.4	0.9	1.25	4.3
5				小计	1.125	1.125	1	3.4	0.9	1.25	4.3
6			小计		1.125	1.125	1	3.4	0.9	1.25	4.3
7		C1211(普通窗)	1200	1100	3.96	3.96	3	10.2	3.6	3.3	13.8
8				小计	3.96	3.96	3	10.2	3.6	3.3	13.8
9			小计		3.96	3.96	3	10.2	3.6	3.3	13.8
10		C1515(普通窗)	1500	1550	13.95	13.95	6	27.6	9	9.3	36.6
11				小计	13.95	13.95	6	27.6	9	9.3	36.6
12			小计		13.95	13.95	6	27.6	9	9.3	36.6
13		小计			24.285	24.285	16	60.4	17.7	21.35	78.1
14	合计				24.285	24.285	16	60.4	17.7	21.35	78.1

图 2-85　窗构件工程量

2.1.5　首层过梁、圈梁、构造柱的工程量计算

一、分析图纸

1. 过梁、压顶

分析结通-01、建施-01、建施-06、建施-07、建施-08、结施-08，外墙窗洞上设过梁，外墙窗洞下设外墙压顶，均按过梁定义。内墙门洞上设一道过梁，外墙所有的门上不再布置过梁，因顶标高直接到混凝土梁底。内、外墙过梁截面尺寸及配筋详见结通-01。

2. 圈梁、卫生间导墙

从建施-04 装修说明处找到设置防水反坎的位置，一般为厨房、卫生间、阳台等，用圈梁定义名称改为卫生间导墙，标高为“装修厚度＋上翻高度＋层底标高”，装修厚度见建筑说明装修表。

3. 构造柱、抱框柱

构造柱、抱框柱的设置位置参见结通-01 结构设计说明及图集 12G614-1《砌体填充墙结构构造》的规则布置。

二、过梁、圈梁及构造柱清单、定额计算规则(表 2-11)

表 2-11　　过梁、圈梁及构造柱清单、定额计算规则

计算项		计算规则
过梁	混凝土体积	(1)混凝土工程量除另有规定者外，均按设计图示尺寸以体积计算。不扣除构件内钢筋、预埋铁件所占体积。 (2)圈梁与过梁连接者，分别套用圈梁、过梁定额，其过梁长度按门、窗口外围宽度两端共加 50 cm 计算
	模板面积	现浇混凝土及钢筋混凝土模板工程量，除另有说明者外，均应区别模板的不同材质，按混凝土与模板接触面的面积以 m^2 计算

计算项		计算规则
圈梁	混凝土体积	(1)圈梁、压顶按设计图示尺寸以体积计算。 (2)圈梁与过梁连接者,分别套用圈梁、过梁定额,其过梁长度按门、窗口外围宽度两端共加50 cm计算。 (3)与主体结构不同时浇筑的厨房、卫生间等处墙体下部的现浇混凝土翻边执行圈梁相应项目
	模板面积	(1)按混凝土与模板接触面的面积以 m² 计算。 (2)与主体结构不同时浇筑的厨房、卫生间等处墙体下部现浇混凝土翻边的模板执行圈梁相应项目
构造柱	混凝土体积	(1)构造柱按全高计算,嵌接墙体部分(马牙槎)并入柱身体积。 (2)独立现浇门框按构造柱项目执行
	模板面积	构造柱均应按图示外露部分计算模板面积。带马牙槎构造柱的宽度按马牙槎最宽处计算

注,过梁、圈梁、构造柱构件的工程量:1.混凝土的体积;2.模板的面积;3.钢筋的质量。

三、过梁、圈梁、构造柱的属性定义与绘制

1.过梁

从结通-01 结构说明找到过梁设置说明。在建模模块导航树中单击"门窗洞"文件夹,使其展开,单击"过梁",单击"定义"按钮,进入过梁的定义界面。单击构件列表中的"新建",选择"新建矩形过梁"。"属性列表"默认名称GL-1,对照图纸结通-01新建完成以下三种过梁的截面尺寸及钢筋信息的输入。

（1）过梁、压顶的属性定义

①GL-1 1500 属性定义如图 2-86 所示。

图 2-86　GL-1 1500 属性定义

②GL-2 700 属性定义如图 2-87 所示。

图 2-87 GL-2 700 属性定义

③GL-3 1000 属性定义如图 2-88 所示。

图 2-88 GL-3 1000 属性定义

④压顶属性定义

根据建施-09 节点详图可以查找窗下压顶截面。我们用过梁定义窗下压顶,如图 2-89 所示:压顶长度＝窗宽,压顶宽度＝墙厚。注意:起点、终点伸入墙内改成 0,位置改为洞口下方。

图 2-89　窗台压顶属性定义

（2）过梁、压顶的绘制

方法一：软件默认"点"画，单击门窗洞口即完成绘制。

方法二：在绘制砌块墙上的过梁时，结构总说明中有时会写过梁的布置要求，按照说明逐一手动绘制费时费力，此时可以使用"生成过梁"功能，根据图纸规定条件快速布置。

操作步骤

【**第一步**】　在"过梁二次编辑"分组中选择"生成过梁"，如图2-90所示。

【**第二步**】　在"生成过梁"对话框中，填写过梁的布置位置和布置条件，可以通过"添加行"和"删除行"增减布置条件，如图 2-91所示。

图 2-90　过梁二次编辑

图 2-91　生成过梁

【第三步】 选择过梁的生成方式,并决定是否勾选"覆盖同位置过梁",过梁生成后会有提示框告知布置了多少个过梁。

选择图元:单击"确定"按钮后,单击或拉框选择要布置过梁的图元,右击完成布置。

选择楼层:选择需要布置的楼层,单击"确定"按钮完成。

⊙ 说 明

1.适用构件:门、窗、墙洞、壁龛、门连窗、带形窗、带形洞、飘窗。

2.幕墙上的门、窗洞不生成过梁,飘窗只有布置在墙上才能生成过梁。

3.自动生成过梁时软件会反建构件,不必新建过梁构件后再执行此功能。

课堂训练6

根据实训图纸,完成首层过梁、压顶的属性定义与绘制。

2.圈梁

(1)卫生间导墙属性定义

查看建通-04首层商业网点卫生间楼地面装修做法,四周浇筑200 mm高与墙同宽的C20混凝土导墙,即防水反坎,标高为"层底标高+0.25"。

导墙按圈梁定义,在建模模块导航树中单击"梁"文件夹,使其展开,单击"圈梁",单击"定义"按钮,进入圈梁的定义界面。单击构件列表中的"新建",选择"新建矩形圈梁"。"属性列表"默认名称QL-1,对照图纸建通-03商业网点卫生间导墙做法新建完成以下两种卫生间导墙的截面信息的输入,如图2-92、图2-93所示。

①200 mm厚卫生间导墙(图2-92)

图2-92 卫生间导墙(200 mm厚)属性定义

②100 mm 厚卫生间导墙（图 2-93）

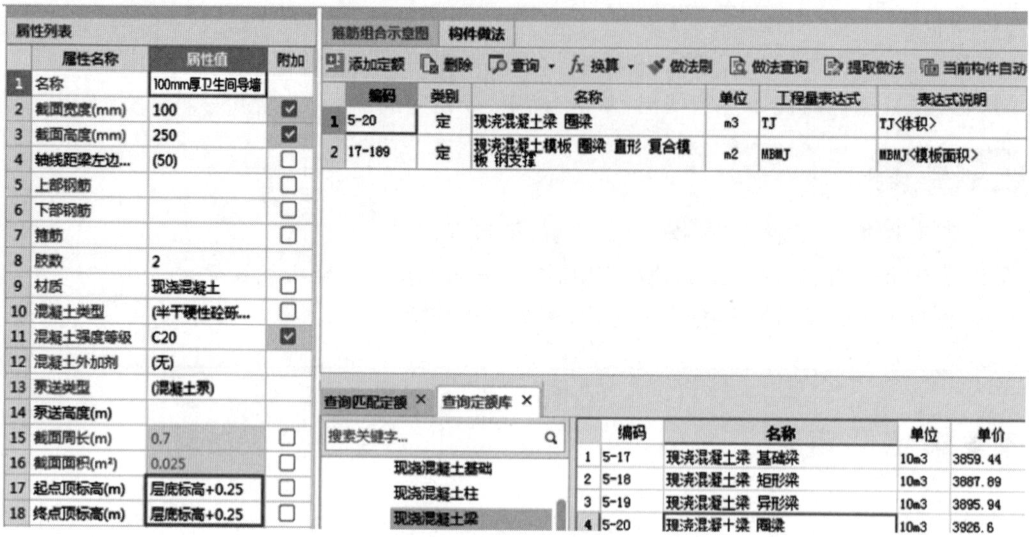

图 2-93 卫生间导墙（100 mm 厚）属性定义

（2）卫生间导墙的绘制

软件默认"直线"画法，同墙的画法。绘制时候，所有有水房间四周的砌体墙底部均设置，注意内外墙厚度差别。

课堂训练7

根据实训图纸，完成首层卫生间导墙的属性定义与绘制。

3.构造柱

构造柱属于二次结构，大部分情况图纸上不会画出来，而是在设计说明里，在做工程时一定要仔细看说明。例如：在纵、横墙相交处，在门窗洞的两侧间距≥2 100 mm 布置构造柱（构造柱配筋为：4Φ12，ϕ6@250/200；构造柱截面为：宽度同砌体墙厚、截面高度为 200 mm）。两侧间距<2 100 mm 布置抱框柱。

当图纸没有交代时，一般是按照图集 12G614-1《砌体填充墙结构构造》P17 的规则布置，构造柱通常设置在楼梯间的休息平台处，纵、横墙交接处或墙的转角处，墙长达到 5 m 的中间部位要设构造柱。

（1）构造柱、抱框柱的属性定义

在建模模块导航树中单击"柱"文件夹，使其展开，单击"构造柱"，单击"定义"按钮，进入构造柱的定义界面。单击构件列表中的"新建"，选择"新建矩形构造柱"。"属性列表"默认名称 GZ-1，对照图纸结施-01 构造柱的设计说明，完成以下几种构造柱、抱框柱的截面尺寸及钢筋信息的输入，如图 2-94 所示。

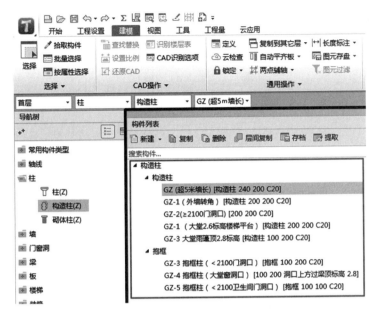

图 2-94　构造柱属性定义

①构造柱GZ(超 5 m 墙长)属性定义(图 2-95)

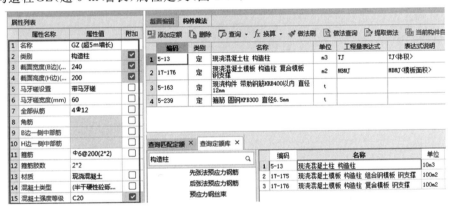

图 2-95　构造柱 GZ(超 5 m 墙长)属性定义

②构造柱GZ-1(外墙转角)属性定义(图 2-96)

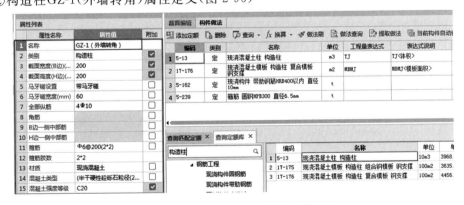

图 2-96　构造柱 GZ-1(外墙转角)属性定义

③构造柱GZ-2(≥2 100 mm 门洞口)属性定义(图 2-97)

图 2-97 构造柱 GZ-2(≥2 100 mm 门洞口)属性定义

④构造柱GZ-1(大堂 2.6 标高楼梯平台)属性定义(图 2-98)

图 2-98 构造柱 GZ-1(大堂 2.6 标高楼梯平台)属性定义

⑤构造柱GZ-3(大堂雨篷顶 2.8 标高)属性定义(图 2-99)

图 2-99 构造柱 GZ-3(大堂雨篷顶 2.8 标高)属性定义

⑥GZ-3 抱框柱(＜2 100 门洞口)属性定义(图 2-100)

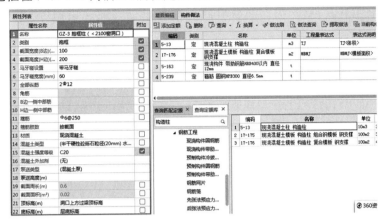

图 2-100　GZ-3 抱框柱(＜2 100 门窗洞口)属性定义

⑦GZ-4 抱框柱(大堂窗洞口)属性定义(图 2-101)

图 2-101　GZ-4 抱框柱(大堂窗洞口)属性定义

⑧GZ-5 抱框柱(＜2 100 卫生间门洞口)属性定义(图 2-102)

图 2-102　GZ-5 抱框柱(＜2 100 卫生间门洞口)属性定义

（2）构造柱、抱框柱的绘制

方法一：软件默认点画，在洞口的两侧点画即可，但效率低。可用"智能布置"功能替代点画。

操作步骤

【第一步】 单击"构造柱二次编辑"分组下的"智能布置"按钮（图 2-103），选择"门窗洞"（图 2-104）。

图 2-103 智能布置　　　　　图 2-104 选择"门窗洞"

【第二步】 单击已画好的对应位置的门窗洞口，右击确认，自动生成洞口两侧构造柱。

方法二：使用"生成构造柱"功能，可通过设置构造柱的截面属性、生成位置、生成范围，使程序根据设置自动生成构造柱，大大提升了工作效率。

操作步骤

【第一步】 单击"构造柱二次编辑"分组下的"生成构造柱"按钮（图 2-105），弹出"生成构造柱"设置窗口（图 2-106）。

图 2-105 构造柱二次编辑　　　　　图 2-106 生成构造柱

【第二步】 决定是否勾选"门窗洞两侧生成抱框柱"。若勾选，窗体下方"抱框柱属性"中的内容会亮显，可按需进行设置。完成后会在门窗洞两侧为自动生成与门窗洞一样高的抱框柱。

【第三步】　根据施工图中的说明,在窗体中勾选构造柱的布置位置,并设置洞口最小宽度和构造柱间距。

【第四步】　填写构造柱属性、抱框柱属性(若勾选"门窗洞两侧生成抱框柱")。

【第五步】　选择生成方式,单击"确定"按钮。如果是"选择图元",则单击需要布置的砌体墙,右击确认即可;如果是"选择楼层",则在窗体右侧勾选对应楼层即可。

最终生成构造柱、抱框柱的三维效果,分别如图 2-107、图 2-108 所示。

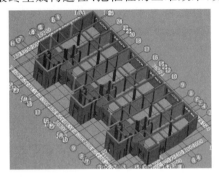
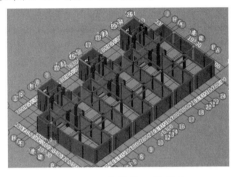

图 2-107　构造柱三维效果　　　　图 2-108　抱框柱三维效果

"构造柱二次编辑"自动生成构造柱小结:

①构造柱的位置:从结构说明中指明的图集中确定。

②自动生成构造柱:弹出对话框,按照结构设计说明单击墙交点,门窗洞两侧大于构造柱间距,按图元生成,切记不要选择楼层生成。

③检查构造柱生成的位置和尺寸,手动删除和添加。

④再次点开"自动生成构造柱",弹出对话框,只选择孤墙端头,选择孤墙生成构造柱。

课堂训练8

根据实训图纸,完成首层构造柱的属性定义与绘制。

2.1.6　首层板的工程量计算

一、分析图纸

1. 屋面板 WB、楼面板 B

见结施-13,标高 4.150 m 板施工图。可以从板平面图得到板的截面信息,本层板包括 120 mm 厚的屋面板 WB,120 mm 厚、100 mm 厚的楼面板 B,标高均为层顶标高 4.15 m;100 mm 厚的管道井位置处的板,同楼梯平台板标高 2.6 m、5.6 m。

2. 卫生间降板

卫生间局部降板 100 mm 厚,标高为 4.100。构造详见国家建筑标准设计图集 16G101-1 第 109 页局部升降板 SJB 构造(二)(侧边为梁)。

二、板的清单、定额计算规则(表 2-12)

表 2-12 板的清单、定额计算规则

计算项		计算规则
板	混凝土 体积	混凝土工程量除另有规定者外,均按设计图示尺寸以体积计算。不扣除构件内钢筋、预埋铁件所占体积。 1.板:按设计图示尺寸以体积计算,不扣除单个(截面)面积 0.3 m² 以内的柱、墙垛及孔洞所占体积。 (1)板与梁连接时板宽(长)算至梁侧面。 (2)各类现浇板伸入砖墙内的板头并入板体积内计算;薄壳板的肋、基梁并入薄壳体积内计算。 2.雨篷梁、板工程量合并,按雨篷以体积计算,高度≤400 mm 的栏板并入雨篷体积内计算,栏板高度>400 mm 时,其全高按栏板计算
	模板 面积	1.现浇混凝土构件模板,除另有规定者外,均按模板与混凝土的接触面积(不扣除后浇带所占面积)计算。 2.现浇钢筋混凝土柱、梁、板、墙的支模高度是指设计室内地坪至板底、梁底或板面至板底、梁底之间的高度,以 3.6 m 以内为准。超过 3.6 m 部分模板超高支撑费用,按超过部分模板面积,套用相应定额乘以 1.2^n(n 为超过 3.6 m 后每超过 1 m 的次数,当超过高度不足 1.0 m 时,舍去不计)。支模高度超过 8 m 时,按施工方案另行计算。 以柱为例,支撑高度超过 3.6 m 工程量为(柱高-3.6)×边长 (1)当柱高≥3.6 m 且<4.6 m 时,$n=0$,超过高度不足 1.0 m 时,舍去不计; (2)当柱高≥4.6 m 且<5.6 m 时,$n=1$,套用相应定额乘以系数 1.2; (3)当柱高≥5.6 m 且<6.6 m 时,$n=2$,套用相应定额乘以系数 1.44; (4)当柱高≥6.6 m 且<7.6 m 时,$n=3$,套用相应定额乘以系数 1.728; (5)当柱高≥7.6 m 且<8 m 时,$n=4$,套用相应定额乘以系数 2.074。 3.现浇混凝土悬挑板、雨篷、阳台按图示外挑部分尺寸的水平投影面积计算,挑出墙外的悬臂梁及板边不另计算。 4.现浇混凝土墙、板上单孔面积在 0.3 m² 以内的孔洞,不予扣除,洞侧壁模板亦不增加;单孔面积在 0.3 m² 以外时,应予扣除,洞侧壁模板面积并入墙、板模板工程量以内计算

注,板构件的工程量:1.混凝土的体积;2.模板的面积;3.钢筋的质量。

三、板的工程量计算

1.板属性的定义

在建模模块导航树中单击"板"文件夹,使其展开,单击"现浇板",单击"定义"按钮,进入现浇板的定义界面。单击构件列表中的"新建",选择"新建现浇板"。"属性列表"默认名称 B-1,在属性编辑框中,可以根据板的厚度来定义板的名称,比如 100 mm 厚的板,名称可以定义为 B100,然后根据图纸对板的其他属性进行输入。对照图纸结施-13 新建完成以下五种板的截面信息的输入。

(1)屋面板 WB120 属性定义,如图 2-109 所示。

图 2-109 屋面板 WB120 属性定义

(2)楼面板 B120 属性定义,如图 2-110 所示。

图 2-110　楼面板 B120 属性定义

(3)楼面板 B100 属性定义,如图 2-111 所示。

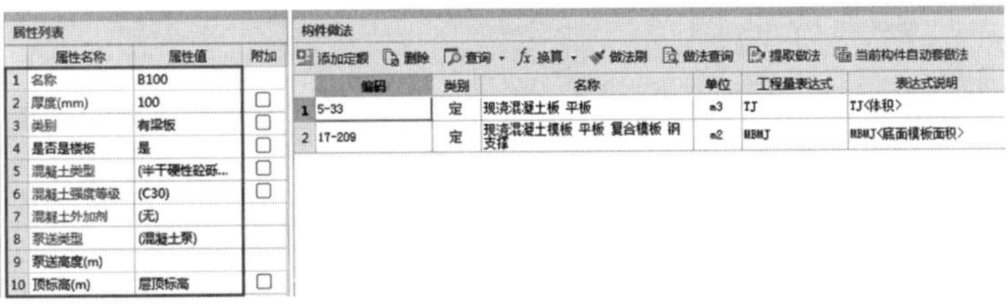

图 2-111　楼面板 B100 属性定义

(4)楼面卫生间降板 B100 属性定义,如图 2-112 所示。

图 2-112　楼面卫生间降板 B100 属性定义

(5)管道井板 B100 属性定义,如图 2-113 所示。

图 2-113　管道井板 B100 属性定义

注意:楼梯休息平台处的管道井板 B100 标高改为 2.6 m。

【属性编辑说明】

名称:根据图纸实际进行填写。

类别:根据实际工程选择有梁板、无梁板等。

混凝土强度等级:已经在建立楼层时统一进行了设置,检查核对一下,如有异常则按实际选择。

厚度:按实际厚度进行填写,影响算量的关键因素。

是否是楼板:一般按软件默认"是"。

顶标高:按工程实际情况设置。

2.板的绘制

板属于面状构件,常采用"点"画或"矩形"画法。在本工程中,板下的墙和梁都已经绘制完毕,围成了封闭区域的位置,可以采用"点"画法来布置板图元。没有围成封闭区域的位置,可以采用"矩形"画法来绘制板。选择【矩形】按钮,选择板图元的一个顶点,选择对角的顶点,即可绘制一块矩形的板。

（1）"点"画

以屋面板 WB120 为例,定义好屋面板后,单击"点"画,在 WB120 区域单击,WB120 即可布置,如图 2-114 所示。

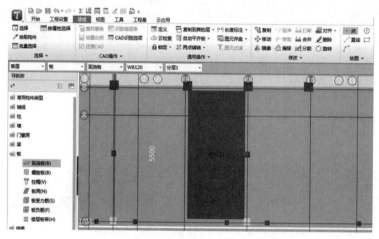

图 2-114　屋面板 WB120"点"画

（2）"矩形"画

仍以 WB120 为例,定义好屋面板后,单击"矩形"画,单击 WB120 边界区域对角线的两交点,围成一个封闭区域,WB120 即可布置,如图 2-115 所示。

①根据上述屋面板、普通楼板的定义方法,将本层板定义好。注意属性编辑时有些板要按图纸实际调整标高。

②用点画、矩形画将 1 轴与 25 轴之间的板绘制好。

③绘制完后板三维效果如图 2-116 所示。

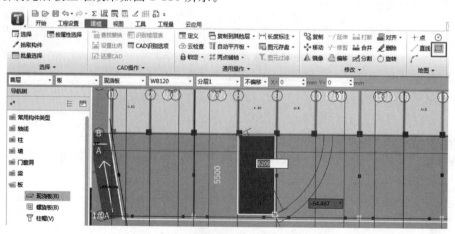

图 2-115　屋面板 WB120"矩形"画

课堂训练 9

根据实训图纸,完成首层现浇板构件的定义与绘制。

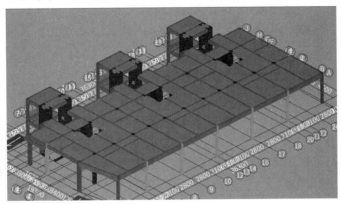

图 2-116　板三维效果

3.板受力筋的定义和绘制

以 WB120 的受力筋为例来介绍受力筋的定义。

(1)板受力筋的定义

①新建受力筋,C8-200 底筋如图 2-117 所示。C8-200 面筋与底筋相同,只需把属性列表的类别选择"面筋"即可。

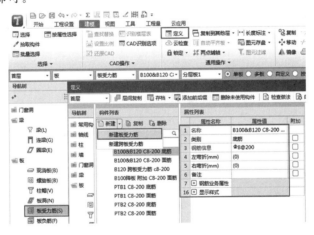

图 2-117　新建受力筋

②新建跨板受力筋,如图 2-118 所示。

图 2-118　新建跨板受力筋

【属性编辑说明】

a.左标注和右标注：左、右两边伸出支座的长度。

b.马登筋排数：根据实际情况输入。

c.标注长度位置：可以选择支座中心线，支座内边线和支座外边线；此处选择"支座中心线"。

d.分布筋：结施-13 中说明，板厚 100 mm，分布筋均为"φ6@180"；板厚 120 mm，分布筋均为"φ6@150"，此处输入"φ6@150"。也可以在计算设置中对相应的项进行输入，这样就不用针对每一个钢筋构件进行输入了。

e.对于该位置的跨板受力筋，也可以采用"单板"或"垂直"布置的方式来绘制。选择【单板】，或选择【垂直】，单击 WB120，布置垂直方向的跨板受力筋。其他位置的跨板受力筋采用同样的布置方式。

课堂训练 10

根据实训图纸，按照同样的方法完成首层其他现浇板受力筋的定义。

（2）板受力筋的绘制

操作步骤

【第一步】 在"板受力筋二次编辑"分组中单击"布置受力筋"。

【第二步】 在弹出的快捷工具条中可选择：

布置范围——"单板""多板""自定义""按照受力范围"。

布筋方式——"XY 方向""水平""垂直""两点""平行边""弧线边布置放射筋""圆心布置放射筋"。

○ 说 明

在布置受力筋时，需要同时选择布筋范围和布置方式，然后才能绘制受力筋。

【第三步】

单板：选择"单板"及一种布置方式后，鼠标移向要布置板筋的板图元，此时显示了板筋预览图，单击板图元即可布置成功。

多板：选择"多板"及一种布置方式后，左键在绘图区域选择需要布置的板，然后右击确认，此时显示了板筋预览图，单击即可布置成功。

自定义：选择"自定义"及一种布置方式后，在板图元上绘制板筋的布置区域，会以紫色虚线框显示，此时显示了板筋预览图，单击即可布置成功。

按受力筋范围：选择"按受力筋范围"及一种布置方式后，单击参考钢筋线，即确认了要布筋的范围，以蓝色虚线显示，并且显示了钢筋预览图，单击即可布置成功。

XY 方向：选择"XY 方向"及一种布置范围后，在弹出的窗口中选择具体的布置方式并输入钢筋信息，单击需要布置钢筋的板图元，则钢筋布置成功。

以屋面板 WB120 的受力筋布置为例,由施工图可以知道,WB120 的底筋和面筋各个方向的钢筋信息一致,这里我们采用【单板】,选择【XY 向布置】来布置,弹出如图 2-119 所示的对话框。

图 2-119　WB120 XY 方向

在"钢筋信息"中选择相应的受力筋名称,再连续单击 1 轴～25 轴范围的屋面板 WB120 的板图元,即布置每块单板的受力筋,但需要按图纸修改对应板块的跨板受力筋尺寸,如图 2-120 所示。

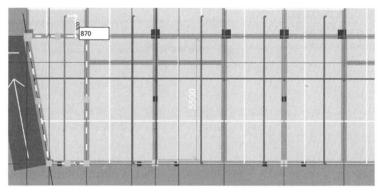

图 2-120　WB120 跨板受力筋尺寸修改

【操作说明】

"双向布置":适用于某种钢筋类别在两个方向上布置的信息是相同的情况,可支持输入底筋、面筋、温度筋、中间层筋。

"选择参照轴网":可以选择以某个轴网的水平和竖直方向为基准,进行布置。不勾选时,以绘图区水平方向为 X 方向,竖直方向为 Y 方向。

"双网双向布置":适用于底筋与面筋在 X 和 Y 两个方向上钢筋信息全部相同的情况。

"XY 向布置":适用于底筋和面筋的 X、Y 方向信息不同的情况。当前层中会显示所有底筋的布置范围及方向。

按照同样的方法布置其他板的受力筋。注意,如果不是双网双向的钢筋,只有底板 X、Y 方向的通长筋时,在智能布置的钢筋信息就只选底筋,不选面筋。

四、板负筋的定义和绘制

以 B100 在 F 轴-1/E 轴范围的 1 轴上的 C8-200 负筋为例,介绍板负筋的定义和绘制。

1. 板负筋的定义

板负筋 B100 C8-200 的定义如图 2-121 所示。

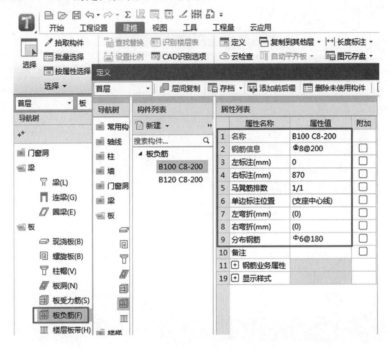

图 2-121　板负筋 B100 C8-200 的定义

左标注和右标注：负筋只有一侧标注，左标注输入 0，右标注输入 870。

单边标注位置：根据实际情况，选择"支座中心线"。

对于左、右均有标注的负筋，有"非单边标注含支座宽"的属性，指左、右标注的尺寸是否含支座宽度，这里根据实际情况选择"是"。其他内容与 1 轴上的 C8-200 负筋输入方式一致。

按照同样的方式定义其他负筋。

2. 板负筋的绘制

负筋定义完毕，下面回到绘图区布置负筋。以按梁布置为例，对于 F 轴-1/E 轴范围，1 轴-2 轴上的 B100，进行负筋的布置。

（1）按梁布置

1 轴上的负筋，选择【按梁布置】，选择梁段，按提示栏提示，单击梁左侧确定右方向，布置成功。

2 轴上的负筋，选择【按梁布置】，选择梁段，布置成功。再单击负筋，分别单击左、右标注尺寸并改为左标注 800、右标注 800，如图 2-122 所示。

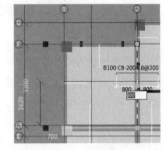

图 2-122　2 轴负筋修改

本工程中的负筋都可以按板边或者按梁边布置成功，按板边布置与按梁边布置操作方法类似。

（2）交换标注

【使用背景】当板受力筋或负筋，左右标注和图纸标注正好相反，需要进行调整时，可以使用"交换标注"功能。

以板负筋为例进行说明。

【第一步】　在"板受力筋二次编辑"分组中单击"交换标注",如图 2-123 所示。

【第二步】　在绘图区域单击需要交换标注的板负筋即可完成操作。

（3）查看布筋范围

【使用背景】当查看工程时,板筋布置比较密集,想要查看具体某根受力筋或负筋的布置范围时,可以使用"查看布筋范围"功能。

图 2-123　板负筋交换标注

【第一步】　在"板受力筋二次编辑"分组中单击"查看布筋范围"。

【第二步】　移动鼠标,当鼠标指向某根受力筋或负筋图元时,该图元所布置的范围显示为蓝色。

课堂训练 11

根据实训图纸,完成首层现浇板中负筋的定义与绘制。

五、设置升降板

【使用背景】一般对于如图 2-124 所示的有卫生间或者有高低差的楼板工程。经常用到"设置升降板"功能。卫生间降板高差是 50 mm,配筋按Φ8@200 双层双向布置。我们先来分析一下卫生间降板这个节点图:板中的底筋、面筋互相锚入长 l_a,板顶高差是 50 mm(软件可以处理),高差处宽度为板厚 100 mm,有三根附加底筋 3Φ12(输入单构件)。

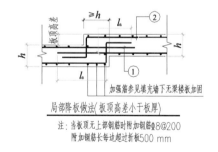

局部降板做法(板顶高差小于板厚)

注:当板顶无上部钢筋时附加钢筋Φ8@200
　　附加钢筋长每边超过折板500 mm

图 2-124　降板节点

【第一步】　分割板,修改标高

选择卫生间降板 B100,右击选择分割,在标高变化处进行直线分割,并修改分割后的板标高,形成设置升降板的两块板图元,如图 2-125 所示。

【第二步】 在"现浇板二次编辑"分组中单击"设置升降板",如图 2-126 所示。

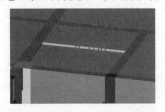

图 2-125 卫生间降板 B100

图 2-126 设置升降板

【第三步】 选择需要设置升降板的两块板图元,然后右击确认弹出"升降板参数定义",如图 2-127 所示,修改参数,单击"确定"按钮。

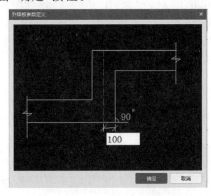

图 2-127 升降板参数定义

○ 说 明

该功能只可选择平板进行设置。

六、取消升降板

【使用背景】当升降板设置位置或设置形式有误,需要取消时,可以使用"取消升降板"功能。

操作步骤

【第一步】 在"现浇板二次编辑"分组中单击"取消升降板",如图 2-128 所示。

【第二步】 选择需要取消已设置升降板的两块板图元,然后右击确认即提示"取消成功"。

图 2-128 取消升降板

课堂训练12

根据实训图纸,完成首层卫生间降板的定义与绘制。

七、首层板的工程量汇总计算

1.板构件工程量如图 2-129 所示。

查看构件图元工程量

构件工程量 | 做法工程量

○清单工程量　● 定额工程量　☑显示房间、组合构件量　☑只显示标准层单层量

	楼层	名称	厚度	混凝土标号	体积(m3)	底面模板面积(m2)	侧面模板面积(m2)	数量(块)	投影面积(m2)	平台贴墙长度(m)	超高模板面积(m2)	超高侧面模板面积(m2)	板厚(m)
										工程量名称			
1			100	C30	15.2621	150.1688	0.5862	30	149.7662	0	73.1494	0.2929	3
2		B100	100	小计	15.2621	150.1688	0.5862	30	149.7662	0	73.1494	0.2929	3
3				小计	15.2621	150.1688	0.5862	30	149.7662	0	73.1494	0.2929	3
4		B100 管道井板 5.6	100	C30	0.336	2.88	0	6	2.88	0	5.616	0	0.6
5				小计	0.336	2.88	0	6	2.88	0	5.616	0	0.6
6				小计	0.336	2.88	0	6	2.88	0	5.616	0	0.6
7		BT1 140 层间板 2.6标高（水平段）	140	C30	0.9651	6.8283	0.9543	9	6.984	0	0	0	1.26
8				小计	0.9651	6.8283	0.9543	9	6.984	0	0	0	1.26
9				小计	0.9651	6.8283	0.9543	9	6.984	0	0	0	1.26
10	首层	PTB1 120 层间板 2.6标高	120	C30	2.412	20.1	0	6	20.1	0	0	0	0.72
11				小计	2.412	20.1	0	6	20.1	0	0	0	0.72
12				小计	2.412	20.1	0	6	20.1	0	0	0	0.72
13		PTB2 120 楼层板	120	C30	1.548	12.9	0	3	12.9	0	6.192	0	0.36
14				小计	1.548	12.9	0	3	12.9	0	6.192	0	0.36
15				小计	1.548	12.9	0	3	12.9	0	6.192	0	0.36
16		WB120	120	C30	34.231	284.8175	0	21	284.8176	0	170.425	0	2.52
17				小计	34.231	284.8175	0	21	284.8176	0	170.425	0	2.52
18				小计	34.231	284.8175	0	21	284.8176	0	170.425	0	2.52
19		卫生间降板B100	100	C30	1.8173	18.635	0.5862	6	18.0475	0	8.3857	0.2639	0.6
20				小计	1.8173	18.635	0.5862	6	18.0475	0	8.3857	0.2639	0.6
21				小计	1.8173	18.635	0.5862	6	18.0475	0	8.3857	0.2639	0.6
22			小计		56.5715	496.3296	2.1267	81	495.4953	0	263.7681	0.5568	9.06
23	合计				56.5715	496.3296	2.1267	81	495.4953	0	263.7681	0.5568	9.06

图 2-129　板构件工程量

2.板钢筋工程量如图 2-130 所示。

📖 导出到Excel

钢筋总质量（kg）：4421.794

	楼层名称	构件名称	钢筋总质量（kg）	HPB300		HRB400	
				6	合计	8	合计
316		B120 C8-200[4609]	8.104	1.315	1.315	6.789	6.789
317		B120 C8-200[4612]	18.83	4.97	4.97	13.86	13.86
318		B120 C8-200[4614]	20.398	6.77	6.77	13.628	13.628
319		B120 C8-200[4615]	17.532	5.02	5.02	12.512	12.512
320		B120 C8-200[4617]	18.83	4.97	4.97	13.86	13.86
321		B120 C8-200[4624]	8.104	1.315	1.315	6.789	6.789
322		B120 C8-200[4626]	20.398	6.77	6.77	13.628	13.628
323		B120 C8-200[4637]	20.398	6.77	6.77	13.628	13.628
324		B120 C8-200[4639]	8.104	1.315	1.315	6.789	6.789
325		B120 C8-200[4642]	8.104	1.315	1.315	6.789	6.789
326		B120 C8-200[4644]	17.532	5.02	5.02	12.512	12.512
327		B120 C8-200[4645]	20.398	6.77	6.77	13.628	13.628
328		B120 C8-200[4647]	18.83	4.97	4.97	13.86	13.86
329		B120 C8-200[4650]	18.83	4.97	4.97	13.86	13.86
330		B120 C8-200[27805]	5.32	0.72	0.72	4.6	4.6
331		B120 C8-200[27807]	5.32	0.72	0.72	4.6	4.6
332		B120 C8-200[27809]	5.32	0.72	0.72	4.6	4.6
333	合计：		4421.794	211.801	211.801	4209.993	4209.993

图 2-130　板钢筋工程量

课后任务

(1)板负筋有几种画法？

(2)请说出降板的位置及画法。

(3)在什么情况下,需要将板负筋的"非单边标注含支座宽"修改为"否"？

2.1.7 首层楼梯的工程量计算

一、分析图纸

分析建施-07、建施-13、结施-18及各层平面图可知,本工程有三个单元,每个单元各有一部两跑直行楼梯,从首层开始到机房层。由建施-07剖面图可以看出,楼梯的不锈钢栏杆高1 050 mm。

二、楼梯清单、定额计算规则(表 2-13)

表 2-13 楼梯清单、定额计算规则

项目名称	单位	计算规则
现浇混凝土构件楼梯直形	m²	1.楼梯按建筑物一个自然层两跑楼梯考虑,当设计混凝土用量与定额消耗量不同时,混凝土消耗量按设计用量调整,人工按相应比例调整。 2.楼梯(包括休息平台、平台梁、斜梁及楼梯的连接梁)按设计图示尺寸以水平投影面积计算,如两跑以上楼梯水平投影有重叠部分,则重叠部分单独计算水平投影面积,不扣除宽度小于500 mm楼梯井所占面积,伸入墙内部分不计算。当整体楼梯与现浇楼板无楼梯的连接梁连接时,以楼梯的最后一个踏步边缘加300 mm为界
现浇混凝土模板楼梯直形	m²	1.楼梯按建筑物一个自然层两跑楼梯考虑。 2.现浇混凝土楼梯(包括休息平台、平台梁、斜梁和楼层板的连接梁)按设计图示尺寸以水平投影面积计算,如两跑以上楼梯水平投影有重叠部分,则重叠部分单独计算水平投影面积,不扣除宽度≤500 mm楼梯井所占面积,楼梯的踏步、踏步板、平台梁等侧面模板不另行计算,伸入墙内部分亦不增加。当整体楼梯与现浇楼板无梯梁连接时,以楼梯的最后一个踏步边缘加300 mm为界
栏杆扶手	m	1.扶手、栏杆、栏板项目(护窗栏杆除外)适用于楼梯、走廊、回廊及其他装饰性扶手、栏杆、栏板。 2.扶手、栏杆、栏板项目已综合考虑扶手弯头(非整体弯头)的费用。如遇木扶手、大理石扶手为整体弯头,则弯头另按本章相应项目执行。①扶手、栏杆、栏板、成品栏杆(带扶手)均按其中心线长度计算,不扣除弯头长度。如遇木扶手、大理石扶手为整体弯头时,则扶手消耗量需扣除整体弯头的长度,设计不明确者,每只整体弯头按400 mm扣除。②硬木弯头、大理石弯头按设计图示数量计算

依据定额计算规则我们可以知道,楼梯按照水平投影面积计算混凝土和模板面积。

三、楼梯的属性定义与绘制

在软件中,楼梯属于一个较特殊的构件,可以直接新建楼梯,新建参数化楼梯,新建组合楼梯。

1. 新建楼梯

新建楼梯，主要用于楼梯只计算投影面积的地区，直接绘制一个面状的楼梯即可。

建筑面积计算：室内的楼梯已经包含在建筑面积图元内，可以不计算；室外的楼梯可计算一半。

2. 新建参数化楼梯

在模块导航树中单击"楼梯"，单击"定义"，单击新建"参数化楼梯"，如图 2-131 所示。选择"标准双跑 3""编辑图形参数"，按照结施-18 中的数据更改绿色的字体，编辑完参数后单击"确定"按钮，在绘图界面直接点画。

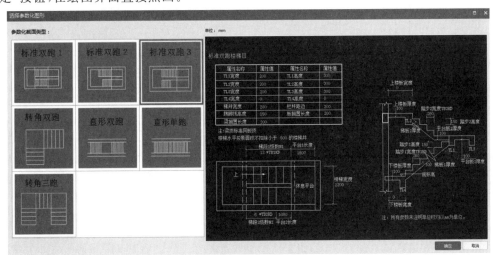

图 2-131　参数化楼梯

> ○ **说　明**
>
> 板搁置长度、梁搁置长度指板和梁一边伸入墙内的长度。

3. 新建组合楼梯

参数化楼梯相对来说有一定的局限性，实际工程中经常使用组合构件绘制多种形式的楼梯，即先绘制好梯梁、梯板、休息平台、梯段等。本书重点介绍组合楼梯的使用。

楼梯的组合构件可以用直形梯段、现浇板（用来画休息平台板）、梁（用来画梯梁）、柱（用来画梯柱）、房间（楼梯间装修），绘制好这些构件后，在楼梯构件中进行"组合楼梯"。

注意区分哪些构件是楼梯水平投影面积包含的，哪些是未包含的。

下面我们分析一下结施-18 中楼梯剖面图，如图 2-132 所示。这张楼梯剖面图是一部双跑楼梯，楼层中间有一个休息平台，并且休息平台由梯梁、梯柱支撑，梯柱是以框架梁为支座的。

楼梯水平投影面积中包含的构件有梯段 ATB1、BT1，休息平台板 PTB1，梯梁 TL1、TL2，楼层平台梁 TL1；未包含的构件有梯柱 GZ1、楼层平台板 PTB2。

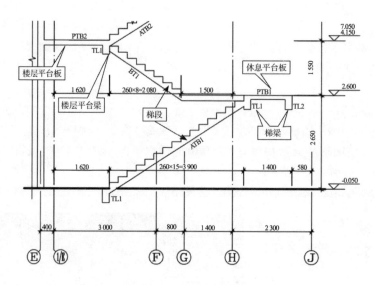

图 2-132 楼梯剖面图

可以按照如图 2-133～图 2-135 所示对梯梁、梯柱、层间板、楼层板进行定义。

图 2-133 梯梁定义

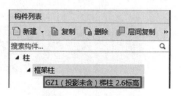

图 2-134 梯柱定义

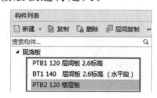

图 2-135 层间板、楼层板定义

（1）梯段

新建直行梯段 ATB1、BT1 分别如图 2-136、图 2-137 所示。

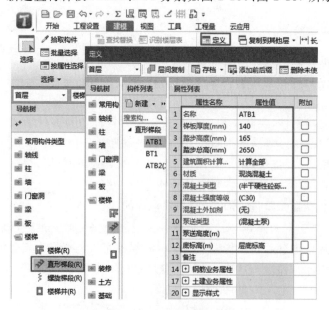

图 2-136 新建直行梯段 ATB1　　　　图 2-137 新建直行梯段 BT1

选择"矩形"绘制直行梯段图元后，通过"设置踏步边"功能来调整梯段的起始方向。

操作步骤

【第一步】　在"直行梯段二次编辑"分组中单击"设置踏步边"。

【第二步】　当把鼠标放置到楼梯图元边界时,边界变蓝,单击变蓝的边界,台阶将从该边开始上升,图中箭头从底层楼边界指向高层楼边界,平面效果如图 2-138 所示,三维效果如图2-139 所示。

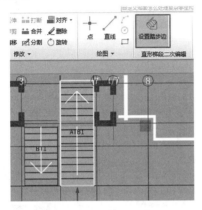

图 2-138　梯段平面效果

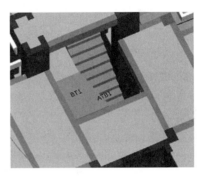

图 2-139　梯段三维效果

(2)手算与电算结合

①下面以 ATB1 参数输入为例来讲解钢筋电算。

a.切换到工程量界面,单击"表格输入",如图 2-140 所示。

图 2-140　表格输入

b.弹出表格输入,单击"钢筋",新建节点,新建构件,单击"参数输入",如图 2-141 所示。

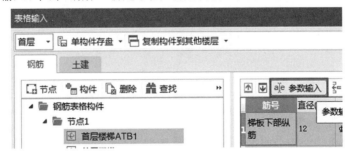

图 2-141　ATB1 参数输入

c.弹出图集列表,选择 AT 型楼梯,修改绿色参数,单击"计算保存",退出,如图 2-142 所示。

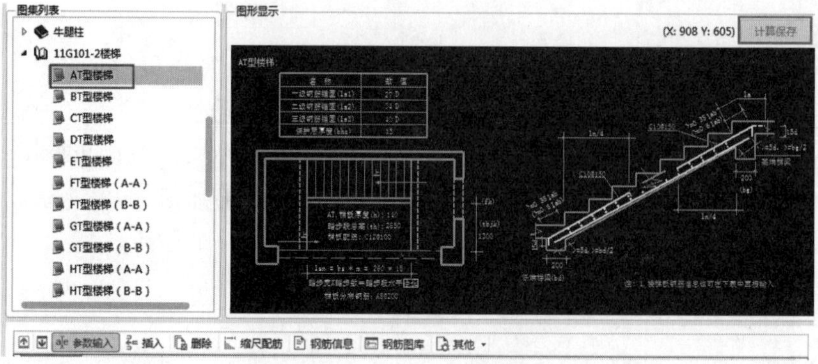

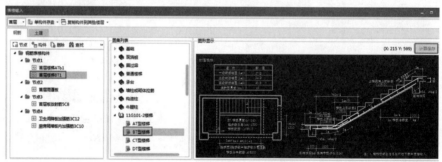

图 2-142 AT 型楼梯计算保存

d. 按上述操作完成首层楼梯 BT1 参数输入，如图 2-143 所示。

图 2-143 首层楼梯 BT1 参数输入

②首层楼梯混凝土、模板量手算如图 2-144 所示。

图 2-144 首层楼梯混凝土、模板量手算

课堂训练 13

1. 根据实训图纸，完成首层楼梯的定义与绘制。

2. 根据上述新建组合楼梯的定义方式，重新定义本层楼梯的梯梁、梯柱、梯板、梯段。

3. 练习用表格输入方式定义楼梯钢筋参数。

四、楼梯的汇总计算

1.楼梯定额工程量如图 2-145 所示。

序号		编码	项目名称	单位	工程量表达式	单量	总量
22		**首层楼梯混凝土、模板量：ATB1+BT1（数量：3）**					
23	1	5-46	现浇混凝土楼梯 整体楼梯 直形	10m2水平投影面积	31.41	3.141	9.423
24	2	17-228	现浇混凝土模板 楼梯 直形 复合模板钢支撑	100m2水平投影面积	31.41	0.3141	0.9423

图 2-145 楼梯定额工程量

2.楼梯钢筋工程量如图 2-146、图 2-147 所示。

	属性名称	属性值
1	构件名称	首层楼梯ATB1
2	构件类型	其他
3	构件数量	3
4	预制类型	现浇
5	汇总信息	其他
6	备注	
7	构件总质量(kg)	279.855

图 2-146 首层楼梯 ATB1 钢筋工程量

	属性名称	属性值
1	构件名称	首层楼梯BT1
2	构件类型	其他
3	构件数量	3
4	预制类型	现浇
5	汇总信息	其他
6	备注	
7	构件总质量(kg)	261.366

图 2-147 首层楼梯 BT1 钢筋工程量

2.2 首层零星构件

2.2.1 雨篷工程量计算

一、分析图纸

1.分析建施-07,单元门处轻钢雨篷,改为钢筋混凝土雨篷,做法参见雨篷变更图纸截图,如图 2-148~图 2-150 所示。

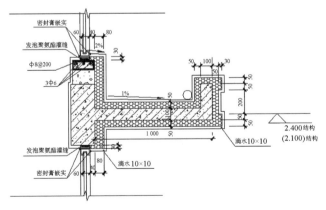

图 2-148 雨篷剖面图

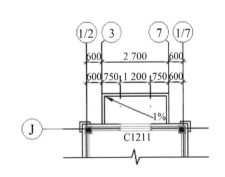

图 2-149 雨篷平面位置图

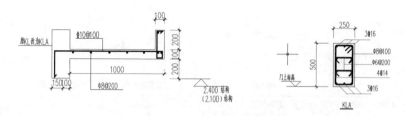

图 2-150　雨篷配筋图

2.雨篷在墙内部分的梁由原来结施-08 的 KL6 变更为 KLA,高 500 mm,宽 250 mm;墙外边线雨篷板厚度 100 mm,三边带反挑檐,挑檐高 200 mm,宽 100 mm。

二、雨篷清单、定额计算规则(表 2-14)

表 2-14　　　　　　　　　　　　　　　雨篷清单、定额计算规则

计算项		计算规则
雨篷	混凝土体积	雨篷梁、板工程量合并,按雨篷以体积计算,栏板高度≤400 mm 的并入雨篷体积计算,栏板高度>400 mm 的,其全高按栏板计算
	模板面积	现浇混凝土悬挑板、雨篷、阳台按图示外挑部分尺寸的水平投影面积计算,挑出墙外的悬臂梁及板边不另计算

三、雨篷的属性定义

1.雨篷梁属性定义按框架梁定义,如图 2-151 所示。

	属性名称	属性值	附加
1	名称	雨篷梁 KLA（投影已含）(原KL16变更为KLA)	
2	结构类别	楼层框架梁	☐
3	跨数量	1	
4	截面宽度(mm)	250	☑
5	截面高度(mm)	500	☑
6	轴线距梁左边…	(125)	☐
7	箍筋	Φ8@100(2)	☐
8	胶数	2	
9	上部通长筋	3Φ16	☐
10	下部通长筋	3Φ16	☐
11	侧面构造或受…	N4Φ14	☐
12	拉筋	(Φ6)	☐
13	定额类别	单梁连续梁	
14	材质	现浇混凝土	
15	混凝土类型	(半干硬性砼碎石砾径(20mm) 水泥32.5MPa)	
16	混凝土强度等级	(C30)	☑
17	混凝土外加剂	(无)	
18	泵送类型	(混凝土泵)	
19	泵送高度(m)		
20	截面周长(m)	1.5	
21	截面面积(m²)	0.125	☐
22	起点顶标高(m)	2.4	☐
23	终点顶标高(m)	2.4	☐

箍筋组合示意图　构件做法

添加定额　删除　查询　fx 换算　做法刷　做法查询　提取做法

	编码	类别	名称	单位	工程量表达式	表达式说明
1	5-18	定	现浇混凝土 矩形梁 KLA (雨篷梁)	m3	TJ	TJ<体积>
2	17-185	定	现浇混凝土模板 矩形梁 复合模板 钢支撑	m2	MBMJ	MBMJ<模板面积>
3	5-165	定	现浇构件 带肋钢筋 HRB400以内 直径16mm	t		
4	5-164	定	现浇构件 带肋钢筋 HRB400以内 直径14mm	t		
5	5-240	定	箍筋 圆钢HPB300 直径 8mm	t		
6	5-239	定	箍筋 圆钢HPB300 直径 6.5mm	t		

查询匹配定额　查询定额库

● 按构件类型过滤　○ 按构件属性过滤

	编码	名称	单位	单价
1	5-18	现浇混凝土 矩形梁	10m3	3887.89
2	5-19	现浇混凝土 异形梁	10m3	3895.94
3	5-22	现浇混凝土 弧形、拱形梁	10m3	3946.41
4	5-23	现浇混凝土 斜梁	10m3	3904.48
5	5-73	预制混凝土安装	10m3	1018.27
6	17-184	现浇混凝土模板 矩形梁 组合钢模板 钢支撑	100m2	4183.8

图 2-151　雨篷梁属性定义

2.雨篷板属性定义按现浇板定义,如图 2-152 所示。

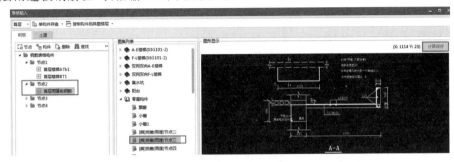

图 2-152　雨篷板属性定义

首层雨篷板钢筋在"表格输入"中完成,如图 2-153 所示。

图 2-153　首层雨篷板钢筋在"表格输入"中完成

3.雨篷反挑檐属性定义按栏板属性定义。在导航树"其他"里单击"栏板",在属性编辑器中输入相应的属性值,如图 2-154 所示。

图 2-154　雨篷反挑檐属性定义

> ○ 说　明
>
> 雨篷反挑檐的模板量已并入雨篷板的工程量中,此处不再考虑。

四、雨篷的绘制

可用直线绘制雨篷梁,用直线或矩形绘制雨篷板,用直线绘制雨篷反挑檐。

根据图纸尺寸做好辅助轴线,单击直线,单击雨篷板的起点与终点即可绘制雨篷,其三维效果如图 2-155 所示。

图 2-155　雨篷三维效果

五、雨篷的汇总计算

1. 雨篷定额工程量如图 2-156 所示。
2. 雨篷钢筋工程量如图 2-157 所示。

查看构件图元工程量

构件工程量 做法工程量

	编码	项目名称	单位	工程量
1	5-38	现浇混凝土板 雨篷板、阳台板 说明：雨篷梁、雨篷板、雨篷栏板体积合并，钢筋见单构件	10m3	0.21765
2	17-222	现浇混凝土模板 雨篷板 直形 复合模板钢支撑	100m2水平投影面积	0.063

图 2-156　雨篷定额工程量

	属性名称	属性值
1	构件名称	首层雨篷板钢筋
2	构件类型	其他
3	构件数量	3
4	预制类型	现浇
5	汇总信息	其他
6	备注	
7	构件总质量(kg)	103.434

图 2-157　雨篷钢筋工程量

课堂训练 14

根据实训图纸，完成首层雨篷的定义与绘制。

2.2.2　台阶、坡道、散水、栏杆工程量计算

一、图纸分析

分析建施-01，一层平面图，建通-04，台阶、散水构造做法。坡道、台阶、栏杆做法参见国标03J926，节点 3/22 页，节点 2/23 页，住宅楼梯、大堂栏杆做法参见国标 15J4031 A7 页。

可以从平面图得到单元入户门台阶、商业网点台阶、坡道、散水的信息，本层台阶和散水的界面尺寸为：两个台阶的踏步宽度均为 300 mm，其中单元入户门台阶踏步个数为 2，商业网点门台阶踏步个数为 6，台阶顶标高为 0；散水的宽度为 900 mm，沿建筑物外墙周围布置。

二、台阶、坡道、散水、栏杆定额、清单计算规则(表 2-15)

表 2-15　　台阶、坡道、散水、栏杆定额、清单计算规则

计算项		计算规则
台阶	混凝土体积	1. 台阶项目中的混凝土含量是按 1.22 m^3/10 m^2 综合编制的，当设计含量不同时，可以换算。台阶项目中包括了混凝土浇筑、压实、养护、表面压实抹光及嵌缝内容，未包括台阶土方的挖、填、基础夯实、垫层等内容，发生时执行其他章节相应项目。 2. 整体台阶项目中包括台阶找平层以内的全部工作内容(不包括梯带、挡墙)。其中砂垫层厚度按 1.2 m 计算，当厚度不同时可以换算；面层按设计要求另行计算。本定额中的整体台阶项目适用三步以内的台阶。三步以上的台阶应按设计要求和定额的规定分别计算。 3. 散水、坡道与台阶(包括整体散水、坡道、台阶及混凝土散水、台阶)按设计图示尺寸，以水平投影面积计算，不扣除单个 0.3 m^2 以内的孔洞所占面积。三步以内的整体台阶的平台面积并入台阶投影面积内计算。三步以上的台阶，与平台连接时其投影面积应以最上层踏步外沿加 300 mm 计算
	模板面积	混凝土台阶不包括梯带，按图示台阶尺寸的水平投影面积计算，台阶与平台连接时其投影面积应以最上层踏步外沿加 300 mm 计算。台阶端头两侧不另计算模板面积；架空式混凝土台阶按现浇楼梯计算；场馆看台按设计图示尺寸，以水平投影面积计算
坡道		在整体防滑坡道项目中，混凝土是按厚度 80 mm 编制的，当设计厚度不同时，可以换算；在整体防滑坡道项目中已包括完成整体防滑坡道的全部工作内容(面层按水泥砂浆考虑)。其中砂垫层厚度按 1.2 m 计算，当厚度不同时可以换算
散水		散水模板执行垫层相应项目。散水、坡道按设计图示尺寸以面积计算，不扣除单个 0.3 m^2 以内的孔洞所占面积

续表

计算项	计算规则
栏杆	1. 扶手、栏杆、栏板项目(护窗栏杆除外)适用于楼梯、走廊、回廊及其他装饰性扶手、栏杆、栏板。 2. 扶手、栏杆、栏板项目已综合考虑扶手弯头(非整体弯头)的费用。如遇木扶手、大理石扶手为整体弯头,弯头另按本章相应项目执行。 3. 不锈钢扶手、不锈钢栏杆按直形编制,如为圆弧形,可人工乘以系数1.3;如为螺旋形,可人工乘以系数1.7。 4. 扶手、栏杆、栏板、成品栏杆(带扶手)均按其中心线长度计算,不扣除弯头长度。如遇木扶手、大理石扶手为整体弯头时,扶手消耗量需扣除整体弯头的长度,设计不明确者,每只整体弯头按400 mm扣除

三、台阶、坡道、散水、栏杆的属性定义

1. 台阶

在导航树"其他"里单击"台阶",新建台阶1,根据台阶图纸中的尺寸标注,在属性编辑器中输入相应的属性值如图2-158所示,根据构造做法套用定额。

名称	编号	厚度	简图	构造做法	
				A	B
地砖面层台阶	台A 台B	388～392	梯沿砖 1% 60　300	1. 8～12 mm厚铺地砖面层,1∶1水泥砂浆勾缝或水泥砂浆擦缝 2. 洒适量清水 3. 20 mm厚1∶3干硬性水泥砂浆结合层 4. 素水泥浆一道(内掺建筑胶) 5. 60 mm厚C15混凝土,台阶面向外坡1%	
				300 mm厚粒径5～32 mm卵石(砾石)灌M2.5混合砂浆,宽出面层100 mm	300 mm厚3∶7灰土分两步夯实,宽出面层100 mm
				素土夯实	

图 2-158　台阶构造做法

(1)单元门台阶属性定义如图2-159所示。

图 2-159　单元门台阶属性定义

(2)商业网点台阶

三级以上台阶分台阶地面和台阶,属性定义分别如图2-160、图2-161所示。

	属性列表				构件做法					
	属性名称	属性值	附加		添加定额 删除 查询 fx 换算 做法刷 做法查询 提取做法 当前构件自动套做法					
1	名称	商业网点 台阶地面			编码	类别	名称	单位	工程量表达式	表达式说明
2	台阶高度(mm)	900	□	1	11-100	定	石材台阶面 石材 水泥砂浆	m2	MJ	MJ<台阶整体水平投影面>
3	踏步高度(mm)	150	□	2	5-53	定	现浇混凝土其他构件 混凝土台阶 预拌混凝土 60厚C15素混凝土垫层	m2水平投影面积	MJ	MJ<台阶整体水平投影面>
4	材质	现浇混凝土	□	3	4-140	定	垫层 碎石 灌浆 300厚碎石灌浆	m3	MJ*0.3	MJ<台阶整体水平投影面>*0.3
5	混凝土类型	(半干硬性砼砾石粒...	□							
6	混凝土强度等级	C15	□							
7	顶标高(m)	层底标高	□							

图 2-160 商业网点台阶地面属性定义

	属性列表				构件做法					
	属性名称	属性值	附加		添加定额 删除 查询 fx 换算 做法刷 做法查询 提取做法					
1	名称	商业网点 台阶			编码	类别	名称	单位	工程量表达式	表达式说明
2	台阶高度(mm)	900	□	1	11-100	定	石材台阶面 石材 水泥砂浆	m2	TBKLMCMJ	TBKLMCMJ<踏步块料面层面积>
3	踏步高度(mm)	150	□	2	5-53	定	现浇混凝土其他构件 混凝土台阶 预拌混凝土 60厚C15素混凝土垫层	m2水平投影面积	TBZTMCMJ	TBZTMCMJ<踏步整体面层面积>
4	材质	现浇混凝土	□	3	4-140	定	垫层 碎石 灌浆 300厚碎石灌浆	m3	0.3*(0.3*5)*(35.4+38.2)/2/2	8.28
5	混凝土类型	(半干硬性砼砾...	□	4	17-235	定	现浇混凝土模板 台阶 复合模板木支撑	m2水平投影面积	TBZTMCMJ	TBZTMCMJ<踏步整体面层面积>
6	混凝土强度等级	C15	□							
7	顶标高(m)	层底标高	□							
8	备注		□							
9	⊞ 钢筋业务属性									
12	⊞ 土建业务属性									
14	⊞ 显示样式									

图 2-161 商业网点台阶属性定义

2.坡道

用新建现浇板定义坡道,根据如图 2-162 所示的构造做法套用定额,属性定义如图 2-163 所示。

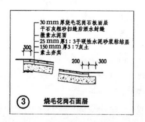

图 2-162 坡道构造做法

	属性列表				构件做法					
	属性名称	属性值	附加		添加定额 删除 查询 fx 换算 做法刷 做法查询 提取做法 当前构件自动套做法					
1	名称	首层无障碍坡道			编码	类别	名称	单位	工程量表达式	表达式说明
2	厚度(mm)	120	□	1	11-100	定	石材台阶面 石材 水泥砂浆 25mm厚 1:3水泥砂浆结合层	m2	TTMJ	TTMJ<投影面积>
3	类别	平板	□	2	4-129	定	【坡道】150mm厚3:7灰土垫层	m3	TTMJ*0.15	TTMJ<投影面积>*0.15
4	是否是楼板	否	□							

图 2-163 坡道属性定义

3.散水

在导航树"其他"里单击"散水",单击"新建散水",根据散水图纸中的尺寸标注,在属性编辑器中输入相应的属性值,根据散水构造做法套用定额,属性定义如图 2-164 所示。

	属性列表				构件做法					
	属性名称	属性值	附加		添加定额 删除 查询 fx 换算 做法刷 做法查询 提取做法 当前构件自动套做法					
1	名称	散水			编码	类别	名称	单位	工程量表达式	表达式说明
2	厚度(mm)	60	☑	1	2-2	定	人工填砂石 机械振动 250厚粗砂石全夯	m3	MJ*0.25	MJ<面积>*0.25
3	材质	现浇混凝土	□	2	4-140	定	垫层 碎石 灌浆 150mm厚C20碎石灌浆宽.15	m3	(TQCD*1+4*1*1)*0.15	(TQCD<贴墙长度>+4*1*1)*0.15
4	混凝土类型	(半干硬性砼...	□	3	11-15	定	细石混凝土地面 30mm 图纸 50mm厚C20细石混凝土面层	m2	MJ	MJ<面积>
5	混凝土强度等级	(C30)	☑	4	11-16 *4	换	细石混凝土地面 每增减5mm 单价*4	m2	MJ	MJ<面积>
6	底标高(m)	-0.5	□	5	9-129	定	嵌缝 沥青玛蹄脂嵌缝	m	TQCD	TQCD<贴墙长度>
7	备注		□	6	17-123	定	现浇混凝土模板 基础垫层 复合模板	m2	MBMJ	MBMJ<模板面积>
8	⊞ 钢筋业务属性									
11	⊞ 土建业务属性									

图 2-164 散水属性定义

4.栏杆

在导航树"其他"里单击"栏杆扶手",单击"新建栏杆扶手",建立坡道、台阶、楼梯、大堂四种栏杆,根据栏杆图集和图纸中的设计标注尺寸,在属性编辑器中输入相应的属性值,根据构造做法套用定额,属性定义如图 2-165～图 2-168 所示。

图 2-165 坡道栏杆属性定义

图 2-166 台阶栏杆属性定义

图 2-167 楼梯栏杆属性定义

属性列表			
	属性名称	属性值	附加
1	名称	大堂LGFS-2	
2	材质	金属	☐
3	类别	栏杆扶手	☐
4	扶手截面形状	矩形	☐
5	扶手截面宽度(...	80	☐
6	扶手截面高度(...	50	☐
7	栏杆截面形状	矩形	☐
8	栏杆截面宽度(...	20	☐
9	栏杆截面高度(...	20	☐
10	高度(mm)	800	☑
11	间距(mm)	110	☐
12	起点底标高(m)	2.6	☐
13	终点底标高(m)	2.6	☐

构件做法				
添加定额	删除	查询 ▾	*fx* 换算 ▾	做法刷 做法查询 提
	编码	类别	名称	单位	工程量表达式
1	15-115	定	不锈钢管栏杆(带扶手)直形 大堂	m	CDWWT

图 2-168　大堂栏杆属性定义

四、台阶、坡道、散水、栏杆的绘制

1. 直线绘制台阶,设置踏步边如图 2-169 所示。

台阶属于面式构件,因此既可以用直线绘制也可以用点绘制,这里我们用直线绘制法,做好辅助轴线,选择直线,单击交点形成闭合区域即可绘制台阶,然后用"设置台阶踏步边"功能设置踏步即可。

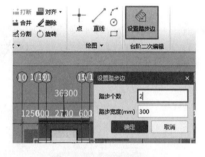

设置踏步边:单击"台阶二次编辑"的"设置踏步边",选择绘制好的台阶图元踏步边界,右击,在弹出的窗口中修改"踏步个数",单击"确定"按钮。

2. 直线绘制坡道,如图 2-170 所示。

3. 智能布置散水,如图 2-170 所示。

图 2-169　设置踏步边

散水同样属于面式构件,因此既可以用直线绘制也可以用点绘制,这里我们用智能布置法比较简单,单击智能布置按外墙外边线,在弹出的对话框输入 900,单击"确定"按钮。

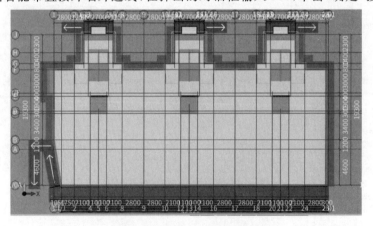

图 2-170　台阶散水、坡道平面图

4. 直线绘制栏杆，三维效果如图 2-171、图 2-172 所示。

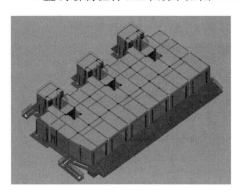

图 2-171　三维效果(1)

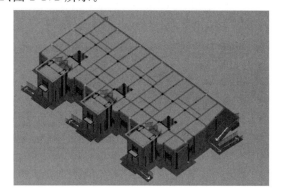

图 2-172　三维效果(2)

五、练习及结果分析

1. 根据上述台阶、坡道、散水、栏杆的定义方式，重新定义本层的台阶、坡道、散水、栏杆。
2. 练习用矩形绘制台阶；用直线或智能布置的方式绘制散水；用直线绘制坡道、栏杆。

注意：

(1)台阶绘制完成，还要根据实际图纸设置台阶起始边。

(2)台阶属性定义只给出台阶的顶标高。

(3)如果在封闭区域，台阶也可以使用点式绘制。

3. 汇总结果分析

(1)台阶定额工程量如图 2-173 所示。

(2)坡道定额工程量如图 2-174 所示。

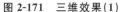

查看构件图元工程量

构件工程量　做法工程量

	编码	项目名称	单位	工程量	单价	合价
1	11-100	石材台阶面 石材水泥砂浆	100m2	1.633908	29046.26	47458.9166
2	5-53	现浇混凝土其他构件 混凝土台阶 预拌混凝土 60 mm C15素混凝土垫层	10m2水平投影面积	14.6886	591.84	8693.4194
3	4-140	垫层 碎石 灌浆 300 mm 碎石灌浆	10m3	3.16514	1849.29	5853.2618
4	4-93	石基础 毛石 单元门台阶毛石基础	10m3	0.351	2210.26	775.8013
5	17-235	现浇混凝土模板 台阶 复合模板木支撑	100m2水平投影面积	0.637189	5966.25	3801.6289

图 2-173　台阶定额工程量

查看构件图元工程量

构件工程量　做法工程量

	编码	项目名称	单位	工程量	单价	合价
1	11-100	石材台阶面 石材水泥砂浆　25 mm厚1：3水泥砂浆结合层	100m2	0.324456	29046.26	9424.2333
2	4-129	【坡道】150mm厚3：7灰土垫层	10m3	0.48669	1396.67	679.7453

图 2-174　坡道定额工程量

(3)散水定额工程量如图 2-175 所示。

(4)栏杆定额工程量如图 2-176 所示。

查看构件图元工程量

构件工程量　做法工程量

	编码	项目名称	单位	工程量	单价	合价
1	2-2	人工填砂石 机械振动　250 mm厚粗砂防冻层	10m3	1.71929	752.19	1293.2327
2	4-140	垫层 碎石 灌浆 150 mm 厚C20碎石灌浆宽出散水100	10m3	0.27536	1849.29	509.2575
3	11-15	细石混凝土地面 30mm　纸图~50 mm厚C20细石混凝土面层	100m2	0.687714	2298.35	1580.6075
4	11-16 *4	细石混凝土地面 每增减5mm　单价*4	100m2	0.687714	327.05	224.9169
5	9-129	嵌填缝 沥青玛蹄脂嵌缝	100m	0.023589	2593.44	61.1767
6	17-123	现浇混凝土模板 基础垫层 复合模板	100m2	0.095179	4178.54	397.7093

图 2-175　散水定额工程量

查看构件图元工程量

构件工程量　做法工程量

	编码	项目名称	单位	工程量
1	15-115	不锈钢管栏杆 (带扶手) 直形 大堂	10m	1.11
2	15-115	不锈钢管栏杆 (带扶手) 直形 坡道	10m	4.3377
3	15-115	不锈钢管栏杆 (带扶手) 直形　楼梯	10m	6.76246
4	15-115	不锈钢管栏杆 (带扶手) 直形 台阶	10m	0.86867

图 2-176　栏杆定额工程量

2.2.3 女儿墙节点的工程量计算

一、分析图纸

女儿墙及压顶详见建施-06、建施-07、建施-08、结施-14；大堂屋面女儿墙建筑构造详见建通-09节点42,结构配筋详见结通-04节点42；公建屋面女儿墙建筑构造详见建通-09节点44,结构配筋详见结通-4节点44。女儿墙墙身及压顶为钢筋混凝土材料,女儿墙挑檐挡墙为60 mm厚砌块墙。

二、女儿墙、栏板定额、清单计算规则(表2-16)

表2-16　　　　　　　　　　　　女儿墙、栏板定额、清单计算规则

项目名称	单位	计算规则
女儿墙、栏板	m³	当屋面混凝土女儿墙高度>1.2 m时,执行相应墙项目；当高度≤1.2 m时,执行相应栏板项目。栏板与墙的界限划分:栏板高度在1.2 m以下(含压顶扶手及翻沿)为栏板,在1.2 m以上为墙；栏板、扶手按设计图示尺寸以体积计算,伸入墙内的部分并入栏板、扶手的体积
女儿墙、栏板钢筋混凝土模板	m²	当屋面混凝土女儿墙高度>1.2 m时,执行相应墙项目；当高度≤1.2 m时,执行相应栏板项目。混凝土栏板高度(含压顶扶手及翻沿),净高按1.2 m以内考虑,超1.2 m时执行相应墙项目

根据大堂屋面及公建屋面女儿墙的标高可知,均可执行钢筋混凝土栏板项目。

三、女儿墙的属性定义与绘制

1.女儿墙的属性定义

(1)大堂屋面女儿墙

可用异形挑檐定义,在导航树"其他"里单击"挑檐",新建"线式异形挑檐",根据结通-04节点42详图尺寸及钢筋,在"异形截面编辑器"里"定义网格",选"直线"绘制异形截面,单击"确定"按钮,名称改为"标高5.6处栏板【结通04节点42】",在"截面编辑"中输入钢筋信息并绘制钢筋,属性定义如图2-177所示；再根据构造做法套用定额,如图2-178所示。

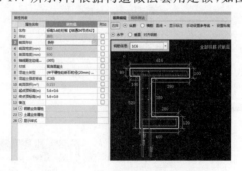

图2-177　标高5.6处栏板属性定义

	编码	类别	名称	单位	工程量表达式	表达式说明
1	5-36	定	现浇混凝土板 栏板	m3	TJ	TJ<体积>
2	17-219	定	现浇混凝土模板 栏板 复合模板钢支撑	m2	MBMJ	MBMJ<模板面积>

图2-178　标高5.6处栏板套用定额

（2）公建屋面女儿墙

按上述操作，新建"线性异形挑檐"，名称改为"标高 4.15 处栏板【结施 04 节点 44】"，属性定义如图 2-179 所示；构造做法套用定额，同大堂屋面女儿墙。

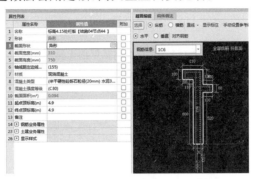

图 2-179　标高 4.15 处栏板属性定义

（3）大堂女儿墙挑檐挡墙砌块 WQ60，如图 2-180 所示。

图 2-180　大堂女儿墙挑檐挡墙砌块属性定义

2. 女儿墙的绘制

采用"直线"绘制女儿墙，因为是居中于轴线绘制的，所以女儿墙图元绘制完成，要对其进行偏移、延伸，使女儿墙各段墙体封闭。女儿墙三维效果如图 2-181 所示，女儿墙挑檐挡墙砌块 WQ60 三维效果如图 2-182 所示。

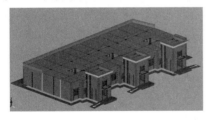

图 2-181　女儿墙三维效果

图 2-182　女儿墙挑檐挡墙砌块 WQ60 三维效果

3. 练习及结果分析

（1）根据上述女儿墙的定义方式，重新定义本层的女儿墙。

（2）练习定义线性异形栏板，编辑女儿墙截面钢筋信息，用直线方式绘制女儿墙。

（3）汇总结果分析

①女儿墙栏板定额工程量如图 2-183 所示。

编码	项目名称	单位	工程量
15-36	现浇混凝土板 栏板	10m3	0.9115
217-219	现浇混凝土模板 栏板 复合模板钢支撑	100m2	1.38105

图 2-183　女儿墙栏板定额工程量

②女儿墙栏板钢筋工程量如图 2-184 所示。

	构件类型	合计(t)	级别	6	8	10	12
1	挑檐	0.372	Φ	0.372			
2		0.494	ΦΒ		0.494		
3	其他	0.342	Φ	0.194	0.148		
4		1.413	ΦΒ		0.37	0.831	0.212
5	合计(t)	0.714	Φ	0.566	0.148		
6		1.907	ΦΒ		0.864	0.831	0.212

图 2-184 女儿墙栏板钢筋工程量

③女儿墙挑檐挡墙砌块工程量如图 2-185 所示。

图 2-185 女儿墙挑檐挡墙砌块工程量

2.2.4 屋面的工程量计算

一、分析图纸

分析建施-06、建施-07、建施-08 及建通-09 节点 42、节点 44,可知本层的屋面做法有大堂屋面、雨篷屋面、公建屋面,防水的上卷高度按详图设计。

二、屋面防水等定额、清单计算规则(表 2-17)

表 2-17 屋面防水等定额、清单计算规则

项目名称	单位	计算规则
屋面防水	m²	屋面防水,按设计图示尺寸以面积计算(平屋顶按水平投影面积计算,斜屋顶按斜面面积计算),扣除 0.3 m² 以上房上烟囱、风帽底座、风道、屋面小气窗、排气孔洞等所占面积;屋面的女儿墙、伸缩缝和天窗、烟囱、风帽底座、风道、屋面小气窗、排气孔洞等处的弯起部分,按设计图示尺寸计算;设计无规定时,伸缩缝、女儿墙、天窗、烟囱、风帽底座、风道、屋面小气窗、排气孔洞等处的弯起部分按 500 mm 计算,计入屋面工程量内。屋面防水按设计图示尺寸以面积计算: (1)本定额平屋面是按坡度≤15%编制的。 (2)卷材防水附加层套用卷材防水相应项目,人工乘以系数 1.43。 (3)墙面防水项目按直形编制,半径在 9 m 以内弧形者,按其相应项目的人工乘以系数 1.18。 (4)冷粘法、热熔法以满铺为依据编制,点、条铺粘者,按其相应项目的人工乘以系数 0.91,黏合剂乘以系数 0.7。 (5)自带保护层的改性沥青防水卷材套用改性沥青防水卷材项目。 (6)三元乙丙丁基橡胶卷材屋面防水,按相应三元乙丙橡胶卷材防水项目计算
屋面保温隔热	m²	屋面保温隔热工程量按设计图示尺寸以面积计算,扣除>0.3 m² 柱、垛、孔洞等所占面积,其他项目按设计图示尺寸以定额项目规定的计量单位计算
屋面水泥砂浆找平	m²	水泥砂浆找平层按图示尺寸以平方米计算
屋面细石混凝土保护	m²	细石混凝土保护按图示尺寸以平方米计算
屋面面层着色剂	m²	屋面面层按图示尺寸以平方米计算,不扣除 0.3 m² 以内孔洞及烟囱、风帽底座、风道、小气窗所占的面积,小气窗出檐部分也不增加

三、屋面的属性定义

在屋面工程量的计算中，需要计算的量有找坡层、保温层、找平层、防水层、保护层，有些还需要计算架空层。在这些量中，有些是计算体积，有些是计算面积，对于防水还需要计算卷边面积。针对这种情况，在用软件计算时，对于需要算体积的量，只要在套定额子目时，工程量表达式选择面积代码乘以厚度即可，如需要计算卷边面积的防水，软件提供了定义屋面卷边的命令。只要定义了屋面卷边，套项时直接选择屋面面积加上卷边面积就能够计算出防水面积。

1. 大堂屋面

在导航树“其他”里单击“屋面”，单击“新建屋面”，名称改为“大堂屋面”，属性定义如图2-186 所示。

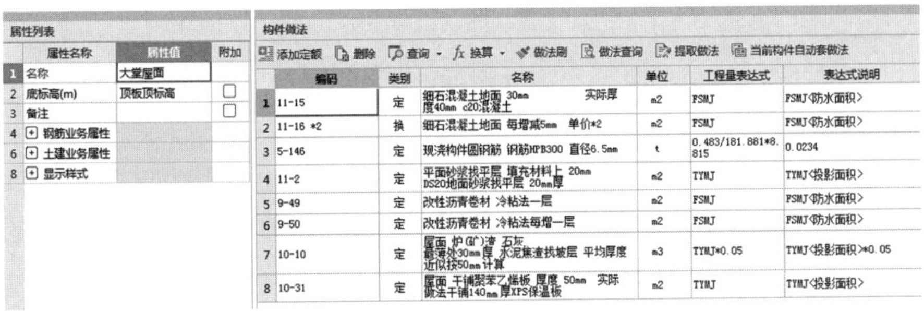

属性列表

	属性名称	属性值	附加
1	名称	大堂屋面	
2	底标高(m)	顶板顶标高	☐
3	备注		☐
4	⊞ 钢筋业务属性		
6	⊞ 土建业务属性		
8	⊞ 显示样式		

构件做法

添加定额　删除　查询　换算　做法刷　做法查询　提取做法　当前构件自动套做法

	编码	类别	名称	单位	工程量表达式	表达式说明
1	11-15	定	细石混凝土地面 30mm　实际厚度40mm c20混凝土	m2	FSMJ	FSMJ<防水面积>
2	11-16 *2	换	细石混凝土地面 每增减5mm　单价*2	m2	FSMJ	FSMJ<防水面积>
3	5-146	定	现浇构件圆钢筋 钢筋HPB300 直径6.5mm	t	0.483/181.881*8.815	0.0234
4	11-2	定	平面砂浆找平层 填充材料上 20mm DS20地面砂浆找平层 20mm厚	m2	TYMJ	TYMJ<投影面积>
5	9-49	定	改性沥青卷材 冷粘法一层	m2	FSMJ	FSMJ<防水面积>
6	9-50	定	改性沥青卷材 冷粘法每增一层	m2	FSMJ	FSMJ<防水面积>
7	10-10	定	屋面 炉(矿)渣 石灰 最薄处30mm厚 水泥焦渣找坡层 平均厚度近似按50mm计算	m3	TYMJ*0.05	TYMJ<投影面积>*0.05
8	10-31	定	屋面 干铺聚苯乙烯板 厚度 50mm　实际做法干铺140mm厚XPS保温板	m2	TYMJ	TYMJ<投影面积>

图 2-186　大堂屋面属性定义

2. 公建屋面

按相同操作，新建“公建屋面”，属性定义如图 2-187 所示。

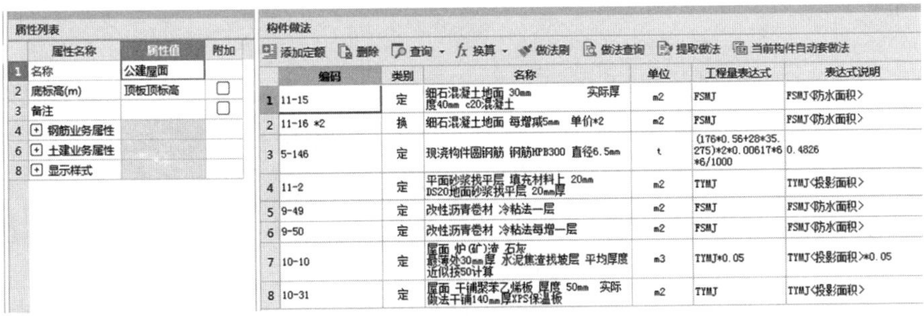

属性列表

	属性名称	属性值	附加
1	名称	公建屋面	
2	底标高(m)	顶板顶标高	☐
3	备注		☐
4	⊞ 钢筋业务属性		
6	⊞ 土建业务属性		
8	⊞ 显示样式		

构件做法

添加定额　删除　查询　换算　做法刷　做法查询　提取做法　当前构件自动套做法

	编码	类别	名称	单位	工程量表达式	表达式说明
1	11-15	定	细石混凝土地面 30mm　实际厚度40mm c20混凝土	m2	FSMJ	FSMJ<防水面积>
2	11-16 *2	换	细石混凝土地面 每增减5mm　单价*2	m2	FSMJ	FSMJ<防水面积>
3	5-146	定	现浇构件圆钢筋 钢筋HPB300 直径6.5mm	t	(176*0.56+28*35.275)*2*0.00617*6*6/1000	0.4826
4	11-2	定	平面砂浆找平层 填充材料上 20mm DS20地面砂浆找平层 20mm厚	m2	TYMJ	TYMJ<投影面积>
5	9-49	定	改性沥青卷材 冷粘法一层	m2	FSMJ	FSMJ<防水面积>
6	9-50	定	改性沥青卷材 冷粘法每增一层	m2	FSMJ	FSMJ<防水面积>
7	10-10	定	屋面 炉(矿)渣 石灰 最薄处30mm厚 水泥焦渣找坡层 平均厚度近似按50计算	m3	TYMJ*0.05	TYMJ<投影面积>*0.05
8	10-31	定	屋面 干铺聚苯乙烯板 厚度 50mm　实际做法干铺140mm厚XPS保温板	m2	TYMJ	TYMJ<投影面积>

图 2-187　公建屋面属性定义

四、屋面的绘制

1. 大堂屋面

采用矩形绘制大堂屋面，找到如图 2-188 所示的两个对角点进行绘制既可，和图纸对应位置的屋面比较，发现多了轴线一侧墙厚那部分。单击图元，右击选择“偏移”功能，输入偏移距离值，回车确认即可。

雨篷屋面，操作同上。

2. 公建屋面

采用直线绘制公建屋面，捕捉与屋面相交墙边的两点沿一个方向依次连接，最后与起点闭合即可完成屋面绘制，如图 2-189 所示。

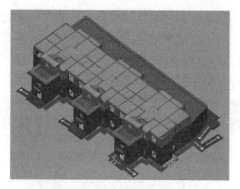 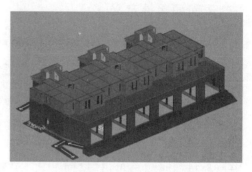

图 2-188　大堂屋面三维效果　　　　　图 2-189　公建屋面三维效果

3. 屋面的防水

（1）设置防水卷边

【使用场景】屋面和楼地面防水除了水平防水之外还需要在与其相交的墙体、栏板底边缘上翻一定高度来处理立面防水。

屋面卷边操作过程如下：先画好屋面，选中后在"屋面二次编辑"分组中单击"设置防水卷边"，根据弹出的提示输入卷边高度，单击"确定"按钮。

下面以屋面设置防水卷边为例来进行说明。

操作步骤

【第一步】　在"屋面二次编辑"分组中单击"设置防水卷边"，如图 2-190 所示。

【第二步】　在快捷工具条处可选择生成方式，"指定图元"和"指定边"，如图 2-191 所示。

图 2-190　设置防水卷边　　　　图 2-191　卷边快捷工具条

【第三步】　方法一：选择"指定图元"后，选择需要生成立面防水的屋面图元，右击确认后弹出"设置防水卷边"窗口；输入防水高度值后，单击"确定"按钮，如图 2-192 所示。

方法二：选择"多边"时，单击需要设置防水的屋面边，被选中的边显示为绿色，右击确定后弹出"设置防水高度"窗口，如图 2-193 所示，输入防水高度后，单击"确定"按钮即可完成该边的防水高度设置。

 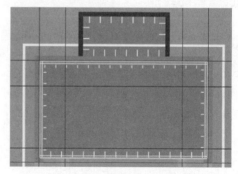

图 2-192　大堂屋面防水卷边　　　　图 2-193　屋面指定边设定防水高度

（2）查改防水卷边

【使用背景】用于对已定义好的屋面及楼地面各边的立面防水高度查看审核，或者立面高度设置有误时可以对防水高度值进行直接修改。

操作步骤

【第一步】　在"屋面二次编辑"分组中单击"查改防水卷边"，如图 2-194 所示，则所有防水卷边高度都会显示出来，大堂、雨篷屋面防水卷边高度如图 2-195 所示，公建屋面防水卷边高度如图 2-196 所示。

图 2-194　查改防水卷边

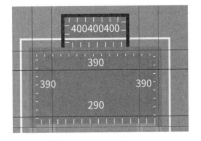

图 2-195　大堂、雨篷屋面防水高度

图 2-196　公建屋面防水卷边高度

【第二步】　单击白色的高度数字，即可进入编辑状态来修改防水卷边高度，如图 2-197 所示。

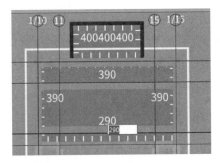

图 2-197　编辑大堂、雨篷屋面防水卷边高度

4.练习及汇总结果

（1）练习：利用直线、矩形或智能布置绘制屋面图元。

（2）汇总结果如图 2-198、图 2-199 所示。

查看构件图元工程量

构件工程量 | 做法工程量

○ 清单工程量 ◉ 定额工程量 ☑ 显示房间、组合构件量 ☑ 只显示标准层单层量

	楼层	名称	工程量名称					
			周长(m)	面积(m2)	卷边面积(m2)	防水面积(m2)	卷边长度(m)	屋脊线长度(m)	投影面积(m2)
1	首层	大堂屋面	36.24	25.2444	12.9756	38.22	36.24	0	25.2444
2		公建屋面	89.9371	176.7593	32.1609	208.9202	89.9371	0	176.7486
3		雨蓬屋面防水	16.7817	5.1219	6.7128	11.8344	16.7817	0	5.1219
4		小计	142.9588	207.1256	51.8493	258.9746	142.9588	0	207.1149
5	合计		142.9588	207.1256	51.8493	258.9746	142.9588	0	207.1149

图 2-198 屋面构件工程量

查看构件图元工程量

构件工程量 | 做法工程量

	编码	项目名称	单位	工程量
1	11-15	细石混凝土地面 30mm 实际厚度40mm c20混凝土	100m2	2.471402
2	11-16 *2	细石混凝土地面 每增加5mm 单价*2	100m2	2.471402
3	5-146	现浇构件圆钢筋 钢筋HPB300 直径6.5mm	t	0.5528
4	11-2	平面砂浆找平层 填充材料上 20mm DS20地面砂浆找平层 20mm 厚	100m2	2.01993
5	9-49	改性沥青卷材 冷粘法一层	100m2	2.471402
6	9-50	改性沥青卷材 冷粘法每增一层	100m2	2.471402
7	10-10	屋面 炉(矿)渣 石灰 最薄处30mm 厚 水泥焦渣找坡层 平均厚度近似按50mm计算	10m3	1.00995
8	10-31	屋面 干铺聚苯乙烯板 厚度 50mm 实际做法干铺140mm 厚XPS保温板	100m2	2.01993

图 2-199 屋面做法工程量

2.2.5 建筑面积

在导航树"其他"里单击"建筑面积",单击"新建建筑面积",名称改为"首层建筑面积",属性定义如图 2-200 所示。

点画或直线绘制,如图 2-201 所示。

属性列表

	属性名称	属性值	附加
1	名称	首层建筑面积	
2	底标高(m)	层底标高	☐
3	建筑面积计算...	计算全部	☐
4	备注		☐
5	⊞ 土建业务属性		
8	⊞ 显示样式		

图 2-200 首层建筑面积属性定义

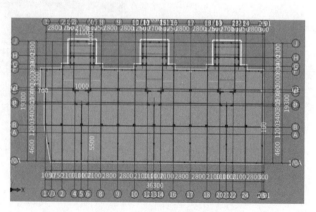

图 2-201 建筑面积绘制

查看工程量,如图 2-202 所示。

楼层	名称	工程里名称				
		原始面积(m2)	面积(m2)	周长(m)	综合脚手架面积(m2)	综合脚手架超高面积(m2)
1	首层	首层建筑面积	603.4946	613.8665	129.8285	613.8665	613.8665
2		小计	603.4946	613.8665	129.8285	613.8665	613.8665
3	合计		603.4946	613.8665	129.8285	613.8665	613.8665

图 2-202　建筑面积构件工程量

2.2.6　平整场地

在导航树"其他"里单击"平整场地",单击"新建平整场地",名称改为"平整场地",属性定义如图 2-203 所示。

点画或直线绘制,如图 2-204 所示。

查看工程量,如图 2-205 所示。

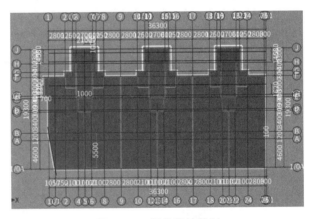

属性列表		
属性名称	属性值	附加
1 名称	平整场地	
2 备注		☐
3 ⊞ 土建业务属性		
5 ⊞ 显示样式		

图 2-203　平整场地属性定义　　　　　　图 2-204　平整场地绘制

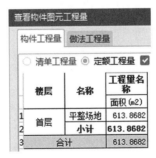

楼层	名称	工程里名称
		面积(m2)
1	首层	平整场地	613.8682
2		小计	613.8682
3	合计		613.8682

图 2-205　平整场地工程量

2.3 首层室内外装修

2.3.1 室内装修的工程量计算

一、房间装修

室内土建装修工程做法详见建通-04。以首层房间装修为例,其装修做法如表 2-18 所示。

表 2-18　　　　　　　　　　　　　　首层房间装修做法

房间名称		地面/楼面	踢脚	内墙面	天棚
首层	商业网点	地面 1	—	内墙 1	天棚 1
	商业网点卫生间	地面 2	—	内墙 2	天棚 2
	入户大堂	地面 3	踢脚 1	内墙 3	天棚 3
	首层电梯间	地面 3	—	—	—

二、室内外装修定额、清单计算规则(表 2-19)

表 2-19　　　　　　　　　　　　　　室内外装修定额、清单计算规则

项目名称	单位	计算规则
楼地面、墙面防水	m²	1.楼地面防水、防潮层按设计图示尺寸以主墙间净面积计算,扣除凸出地面的构筑物、设备基础等所占面积,不扣除间壁墙及单个面积≤0.3 m² 柱、垛、烟囱和孔洞所占面积,平面与立面交接处,当上翻高度≤300 mm 时,按展开面积并入楼地面工程量内计算;当高度>300 mm 时,所有上翻工程量均按墙面防水项目计算。 2.墙基防水、防潮层,外墙按外墙中心线长度、内墙按墙体净长度乘以宽度,以面积计算。 3.墙的立面防水、防潮层,不论内墙、外墙,均按设计图示尺寸以面积计算;墙身水平防潮层执行墙身防水相应项目计算。 4.屋面、楼地面及墙面、基础底板等,其防水搭接、拼缝、压边用量已综合考虑,不另行计算。卷材防水附加层按设计铺贴尺寸以面积计算
墙面保温隔热	m²	1.墙面保温隔热层工程量按设计图示尺寸以面积计算。扣除门窗洞口及面积>0.3 m² 梁、孔洞所占面积;门窗洞口侧壁(含顶面)以及与墙相连的柱,并入保温墙体工程量内。 2.柱、梁保温隔热层工程量按设计图示尺寸以面积计算。柱按设计图示柱断面保温层中心线展开长度乘以高度,以面积计算,扣除面积>0.3 m² 梁所占面积。梁按设计图示梁断面保温层中心线展开长度乘以保温层长度,以面积计算
墙面油漆、涂料	m²	1.抹灰面油漆、涂料(另做说明的除外)按设计图示尺寸,以面积计算。 2.油漆、涂料定额中均已考虑刮腻子。当抹灰面油漆、喷刷涂料设计与定额取定的刮腻子遍数不同时,可按本章喷刷涂料一节中刮腻子每增减一遍项目进行调整。喷刷涂料一节中刮腻子项目仅适用于单独刮腻子工程。 3.墙面真石漆、氟碳漆项目不包括分格嵌缝,当设计要求做分格嵌缝时,费用另行计算

续表

项目名称	单位	计算规则
墙面抹灰	m²	1. 内墙面、墙裙抹灰面积应扣除门窗洞口和单个面积>0.3 m²以上的空圈所占的面积,不扣除踢脚线、挂镜线及单个面积≤0.3 m²的孔洞和墙与构件交接处的面积。且门窗洞口、空圈、孔洞的侧壁及顶面面积亦不增加,附墙柱、梁、垛、附墙烟囱的侧面抹灰应并入墙面、墙裙抹灰工程量内计算。 2. 内墙面、墙裙的长度以主墙间的设计图示净长计算,墙裙高度按设计图示高度计算,墙面高度按室内楼地面结构净高计算;墙面抹灰面积应扣除墙裙抹灰面积,如墙面和墙裙抹灰种类相同者,工程量合并计算;吊顶天棚的内墙面一般抹灰,其高度按室内地面或者楼面至吊顶底面另加100 mm计算。 3. 外墙面抹灰面积按垂直投影面积计算,应扣除门窗洞口、外墙裙(墙面和墙裙抹灰种类相同者应合并计算)和单个面积>0.3 m²的孔洞所占面积,不扣除单个面积≤0.3 m²的孔洞所占面积,门窗洞口及孔洞侧壁及顶面面积亦不增加。附墙柱、梁、垛、附墙烟囱侧面抹灰面积应并入外墙面抹灰工程量内。 4. 外墙裙抹灰面积按墙裙长度乘以高度计算,扣除门窗洞口和大于0.3 m²孔洞所占的面积,门窗洞口及孔洞的侧壁及顶面不增加。 5. 柱面抹灰按设计图示柱结构断面周长乘以高度以面积计算。 6. 女儿墙(包括泛水、挑砖)内侧、阳台栏板(不扣除花格所占孔洞面积)内侧与阳台栏板外侧抹灰工程量按其投影面积分别计算,块料按展开面积计算;女儿墙无泛水、挑砖者,人工及机械乘以系数1.10,女儿墙带泛水、挑砖者,人工及机械乘以系数1.30,按墙面相应项目执行;女儿墙内侧、阳台栏板内侧并入内墙计算,女儿墙外侧、阳台栏板外侧并入外墙计算。 7. 装饰线条抹灰按设计图示尺寸以长度计算。 8. 零星抹灰按设计图示尺寸以展开面积计算。 9. 抹灰项目中砂浆配合比与设计不同者,按设计要求调整;如设计厚度与定额取定厚度不同者,按相应增减厚度项目调整。 10. 墙中的钢筋混凝土梁、柱侧面抹灰并入相应墙面项目执行。 11. 零星抹灰适用于各种壁柜、碗柜、飘窗板、空调隔板、暖气罩、池槽、花台以及≤0.5 m²的其他少量分散的抹灰。 12. 抹灰工程的装饰线条适用于门窗套、挑檐、腰线、压顶、遮阳板外边、宣传栏边框等项目的抹灰,以及突出墙面且展开宽度≤300 mm的竖、横线条抹灰。线条展开宽度>300 mm且≤400 mm者,按相应项目乘以系数1.33;展开宽度>400且≤500 mm者,按相应项目乘以系数1.67。 13. 飘窗凸出外墙面增加的抹灰并入外墙工程量

三、房间装修属性定义

1. 方法一

直接新建房间,按照做法表新建对应的装修构件类型,对照装修做法套对应的清单、定额。

新建房间如图 2-206 所示,新建楼地面如图 2-207 所示,入户大堂属性列表如图 2-208 所示。

图 2-206 新建房间

图 2-207 新建楼地面

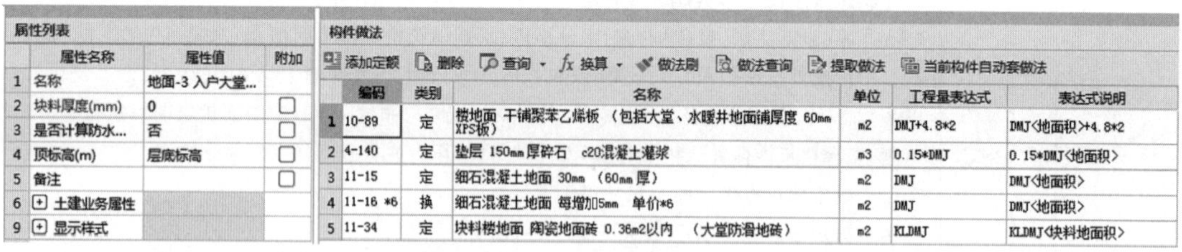

图 2-208 入户大堂属性列表

同样的方法新建踢脚、墙面、天棚。所有装修构件建立完成，回到房间构件，对照装修表添加依附构件，如图 2-209 所示。

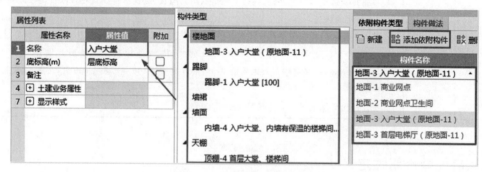

图 2-209 大堂依附构件属性列表

2.方法二

先按照装修做法表在构件导航栏中选择楼地面、踢脚、墙面、天棚等，新建各构件如图 2-210 所示，地面-1 商业网点属性定义如图 2-211 所示。

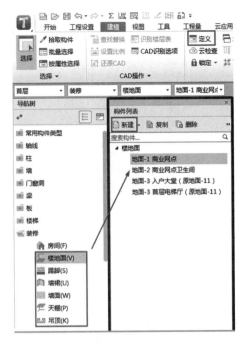

图 2-210　新建各构件

图 2-211　地面-1 商业网点属性定义

所有装修构件建立完成,回到房间构件,直接新建对应的房间,对照装修表添加依附构件,如图 2-212 所示。

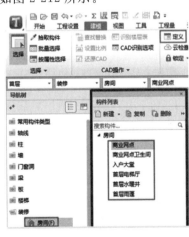

(a)新建楼地面

(b)商业网点依附构件

图 2-212　对照装修表添加依附构件

四、房间装修的绘制

1.房间点画

房间对应装修表建立好后,直接"点"绘制到封闭区域即可,其三维效果如图 2-213 所示。

图 2-213　点画房间装修三维效果

> **○ 说 明**
>
> 　　(1)室内装修主要通过房间的方式处理;当有局部装修的时候,可以直接绘制单个装修构件。
> 　　(2)每个装修构件都可以单独布置;布置方式一般都是"点"绘制。
> 　　(3)房间、楼地面均有底标高属性,可以处理隔层和错层装修。
> 　　(4)踢脚、墙裙、墙面都有起点、终点标高,可以处理立面斜形的装修。

2.独立柱装修图元的绘制

在模块导航树中选择"独立柱装修",新建"独立柱装修",套定额做法,属性列表如图2-214 所示。

属性列表		
属性名称	属性值	附加
1 名称	独立柱装修	
2 块料厚度(mm)	0	
3 顶标高(m)	柱顶标高	
4 底标高(m)	柱底标高	
5 备注		
6 ⊕ 土建业务属性		
9 ⊕ 显示样式		

构件做法						
	编码	类别	名称	单位	工程量表达式	表达式说明
1	16-135	定	墙面处理 混凝土墙面 打磨	m2	DLZMHMJ	DLZMHMJ〈独立柱抹灰面积〉
2	12-31	定	立面砂浆找平层、界面剂 素水泥浆(有107胶)	m2	DLZMHMJ	DLZMHMJ〈独立柱抹灰面积〉
3	12-34	定	一般抹灰 独立柱(梁) 矩形柱(梁)面(20mm)	m2	DLZMHMJ	DLZMHMJ〈独立柱抹灰面积〉

图 2-214　独立柱装修属性列表

选择"独立柱二次装修"的"智能布置",选择"柱"进行智能布置,如图 2-215 所示。

选中独立柱,右击,独立柱装修绘制完毕,如图 2-216 所示。

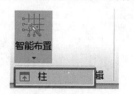

图 2-215　独立柱智能布置

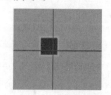

图 2-216　独立柱装修平面

3.卫生间立面防水高度绘制

切换到"商业网点卫生间"楼地面构件,单击"楼地面二次编辑"的"设置防水卷边",单击商业网点卫生间地面,右击确认,弹出"设置防水卷边"对话框,输入 1 200,如图 2-217 所示,单击"确定"按钮,立面防水图元绘制完毕,查改防水卷边高度如图 2-218 所示。

图 2-217　设置卫生间防水卷边

图 2-218　查改防水卷边高度

五、汇总

1. 点画绘制首层所有的房间,保存并汇总室内装修工程量。

2. 汇总室内装修工程量如图 2-219 所示。

	编码	项目名称	单位	工程量
1	4-140	垫层 150mm厚碎石 c20混凝土灌浆	10m3	8.05476
2	11-15	细石混凝土地面 30mm (60mm厚)	100m2	5.369857
3	11-16 *6	细石混凝土地面 每增减5mm 单价*6	100m2	5.369857
4	10-89	楼地面 干铺聚苯乙烯板 (外墙向内2米范围铺厚度 60mm XPS板)	100m2	2.72823
5	12-31	立面砂浆找平层、界面剂 素水泥浆(有107胶)	100m2	9.475062
6	10-89	楼地面 干铺聚苯乙烯板 厚度 50mm (实铺60mm厚XPS板)	100m2	0.24
7	11-6	水泥砂浆楼地面 混凝土或硬基层上 20mm (30mm厚1:3硬性水泥砂浆结合层)	100m2	0.24
8	11-8 *10	水泥砂浆楼地面 每增减1mm 单价*10 (30mm厚1:3干硬性水泥砂浆结合层)	100m2	0.24
9	11-1	平面砂浆找平层 混凝土或硬基层上 20mm (D20水泥砂浆20mm厚)	100m2	0.24
10	11-1	平面砂浆找平层 混凝土或硬基层上 最薄20mm厚 DP15砂浆1%找坡 (平均28mm厚)	100m2	0.24
11	9-53	地面防水 聚氯乙烯卷材 冷粘法一层 (2层)	100m2	0.2496
12	9-54	地面防水 聚氯乙烯卷材 冷粘法每增一层	100m2	0.2496
13	9-161	墙面卷材防水 聚氯乙烯卷材 冷粘法一层(1.2米高)	100m2	0.50862
14	9-162	墙面卷材防水 聚氯乙烯卷材 冷粘法每增一层(1.2米高)	100m2	0.50862
15	11-7	水泥砂浆楼地面 填充材料上 20mm (DS20水泥砂浆保护)	100m2	0.75822
16	10-89	楼地面 干铺聚苯乙烯板 (包括大堂、水暖井地面铺厚度 60mm XPS板)	100m2	0.9435
17	11-34	块料楼地面 陶瓷地面砖 0.36m2以内 (大堂防滑地砖)	100m2	0.6555
18	11-74	块料踢脚线 陶瓷地面砖 (大堂踢脚100高)	100m2	0.06189
19	14-204	刮腻子 墙面 满刮二遍	100m2	1.820229
20	14-189	乳胶漆 室内墙面 二遍	100m2	1.820229
21	12-1	一般抹灰 内墙 (14mm+6mm) (15mm厚DP15砂浆面层)	100m2	6.975852
22	12-3 *-5	一般抹灰 内墙 (每增减1mm厚) 单价*-5	100m2	6.975852
23	12-1	一般抹灰 内墙 (14mm+6mm) (DP20砂浆保护20mm厚)	100m2	1.30884
24	16-135	墙面处理 混凝土墙面 打磨	10m2	4.3215
25	12-34	一般抹灰 独立柱(梁) 矩形柱(梁)面 (20mm)	100m2	0.43215
26	10-89	楼地面 干铺聚苯乙烯板 (电梯厅铺厚度 60mm XPS板)	100m2	0.0224

图 2-219　汇总室内装修工程量

2.3.2　室外装修的工程量计算

室外装修主要包括外墙防水保温、外墙真石漆涂料。

一、外墙防水保温的属性定义

在模块导航树中展开"其他"文件夹选择"保温层",单击"新建保温层",如图 2-220 所示,对应的外墙保温做法分别如图 2-221～图 2-223 所示。

图 2-220　新建保温层

属性列表				构件做法						
	属性名称	属性值	附加		编码	类别	名称	单位	工程量表达式	表达式说明
1	名称	外墙保温 80㎜厚EPS保温板		1	10-76	定	墙面 抗裂保护层 玻纤网格布抗裂砂浆 厚度4mm	m2	MJ	MJ〈面积〉
2	材质	苯板	☐	2	10-70	定	墙面 聚苯乙烯板 厚度 50mm（30㎜厚）	m2	MJ	MJ〈面积〉
3	厚度(不含空气)	80	☐	3	9-174	定	墙面涂膜防水 聚氨酯防水涂膜 2㎜厚	m2	MJ	MJ〈面积〉
4	空气层厚度(mm)	0	☐							
5	起点顶标高(m)	墙顶标高	☐							
6	终点顶标高(m)	墙顶标高	☐							
7	起点底标高(m)	墙底标高								
8	终点底标高(m)	墙底标高	☐							

图 2-221　外墙保温属性定义

属性列表				构件做法						
	属性名称	属性值	附加		编码	类别	名称	单位	工程量表达式	表达式说明
1	名称	公建入户门 外墙保温 110㎜厚EPS保温板		1	10-76	定	墙面 抗裂保护层 玻纤网格布抗裂砂浆 厚度4mm	m2	MJ	MJ〈面积〉
2	材质	苯板	☐	2	10-70	定	墙面 聚苯乙烯板 厚度 50mm（110㎜厚）	m2	MJ	MJ〈面积〉
3	厚度(不含空气...	110	☐	3	9-174	定	墙面涂膜防水 聚氨酯防水涂膜 2㎜厚	m2	MJ	MJ〈面积〉
4	空气层厚度(mm)	0	☐							
5	起点顶标高(m)	4.8								
6	终点顶标高(m)	4.8	☐							
7	起点底标高(m)	墙底标高	☐							
8	终点底标高(m)	墙底标高	☐							

图 2-222　公建入户门外墙保温属性定义

属性列表				构件做法						
	属性名称	属性值	附加		编码	类别	名称	单位	工程量表达式	表达式说明
1	名称	入户大堂楼梯间 50㎜厚无机保温砂浆		1	10-57	定	墙面 无机轻集料保温砂浆 厚30mm （50㎜厚）	m2	MJ	MJ〈面积〉
2	材质	苯板	☐	2	10-58	定	墙面 无机轻集料保温砂浆 厚度每增减5mm *4	m2	MJ	MJ〈面积〉
3	厚度(不含空气...	50	☐	3	10-76	定	墙面 抗裂保护层 玻纤网格布抗裂砂浆 厚度4mm	m2	MJ	MJ〈面积〉
4	空气层厚度(mm)	0	☐							
5	起点顶标高(m)	墙顶标高	☐							
6	终点顶标高(m)	墙顶标高	☐							
7	起点底标高(m)	墙底标高	☐							
8	终点底标高(m)	墙底标高	☐							

图 2-223　入户大堂楼梯间保温属性定义

二、外墙真石漆涂料的属性定义

在模块导航树中展开"装修"文件夹,选择"墙面",单击"新建外墙面",属性定义如图 2-224 所示。

图 2-224　外墙真石漆涂料属性定义

> ○ **说　明**
>
> 1. 和内墙面一样,属性定义时要注意内外墙面的选择。
> 2. 处理外墙面上下材质或者颜色不同时,可以用调整墙面属性中的 4 个标高的方法。
> 3. 处理外墙面左右材质或者颜色不同时,可以通过两点绘制的方法。

三、外墙防水保温、外墙真石漆涂料的绘制

点画、直线或智能布置均可绘制。注意选择智能布置时,选外墙外边线。

四、练习及汇总

1. 练习

(1)定义其他层各构件的属性及做法。

(2)定义其他层房间。

(3)绘制其他层房间及装修构件图元。

(4)定义外墙保温层,外墙涂料。

2. 统计外墙防水保温、外墙真石漆定额工程量

(1)外墙防水保温定额工程量如图 2-225 所示。

编码	项目名称	单位	工程量
1 10-76	墙面 抗裂保护层 玻纤网格布抗裂砂浆 厚度 4mm	100m2	7.878339
2 10-70	墙面 聚苯乙烯板 厚度 50mm（实际80mm厚）	100m2	4.430624
3 9-174	墙面涂膜防水 聚氨酯防水涂膜 2mm厚	100m2	6.117336
4 10-57	墙面 无机轻集料保温砂浆 厚30mm（实际50mm厚）	100m2	1.761003
5 10-58	墙面 无机轻集料保温砂浆 厚度每增加5mm *4	100m2	1.761003
6 10-70	墙面 聚苯乙烯板 厚度 50mm（实际110mm厚）	100m2	1.686712

图 2-225　外墙防水保温定额工程量

(2)外墙真石漆定额工程量如图 2-226 所示。

查看构件图元工程量

构件工程量 做法工程量

	编码	项目名称	单位	工程量
1	14-181	真石漆 墙面	100m2	3.802271

图 2-226 外墙真石漆定额工程量

说 明

软件计算的外墙涂料及保温防水工程量不包含女儿墙压顶及门窗洞口部分,需要手算复核调整。

课堂小结

1.房间装修绘制顺序:定义装修构件—新建房间—添加依附构件—绘制房间

思路 1:直接新建房间—按装修表直接新建构件—按装修做法套清单定额—布置房间。

思路 2:新建装修构件—装修做法套清单定额—新建房间—添加装修构件—布置房间。

2.室内装修知识点

①定义;②新建(同墙);③绘制(点画)。注意事项:点画房间时,必须是封闭区域,如果不能绘制,将柱隐藏,将墙延伸,形成封闭区域。

3.外墙装修知识点

①定义;②新建(内外墙标志,标高);③绘制(点画、直线、智能布置)。

注意事项:当墙面材料上下不同时,调整标高;当墙面材料左右不同时,使用直线画法。

4.装修构件的画法

①房间绘制方法:点;智能布置。

②单构件绘制方法:点画;直线绘制;矩形绘制;智能布置。

课后任务

汇总本层室内外装修工程量。

项 目 三

二层工程量计算

 思维导图

二层工程量列项思维导图如图 3-1 所示。

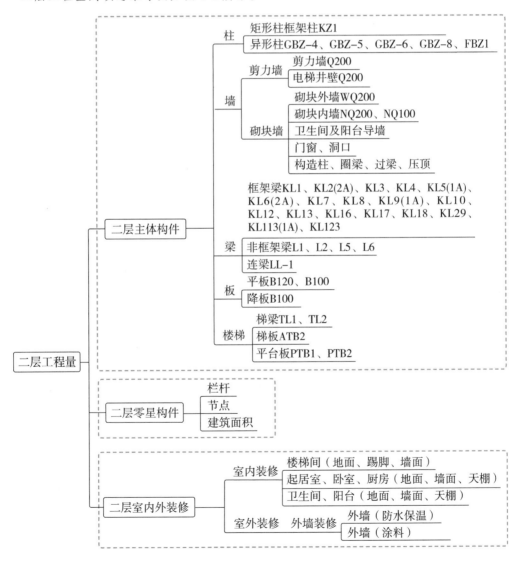

图 3-1 二层工程量列项思维导图

学 习 目 标

能力目标：能够读懂图纸，重点查看二层建筑、结构施工图与首层建筑、结构施工图的不同；能够通过层间复制快速复制相同构件；会用软件计算基本构件的工程量。

知识目标：熟悉相关定额、规范，熟悉图纸，掌握软件复制楼层构件的方法，能按柱、梁、板顺序修改复制后的构件与图纸信息一致。掌握软件复制楼层操作方法及复制后修改图元信息的操作方法与技巧。

素质目标：培养自学能力和解决实际工程问题的能力以及精益求精的工匠精神和较强的责任担当意识；养成敢于吃苦、勇于创新的精神；培育自信、敬业、奉献、创新的精神，领悟"建筑匠心"的精髓。

3.1 二层主体构件

首层绘制完毕后，其他层，包括二层到顶层、机房层的绘制方法和首层相似。根据结施-04，首层的墙、柱和其他各层的基本相同；结施-09 和结施-08 相同的梁比较多，本工程不同楼层之间存在较多的相同构件，可以通过层间复制来快速绘制其他层的构件。

层间复制有两种方式："复制到其他层"和"从其他层复制"。

下面通过使用"复制到其他层"把首层的图元复制到二层。

一、复制到其他层

操作步骤

【第一步】 鼠标切换到"建模"，单击"通用操作"分组下"复制到其他层"，如图 3-2 所示。

图 3-2 复制到其他层

【第二步】 单击"选择"分组下"批量选择"（快捷键 F3）功能来选择图元（或者在绘图区域选择构件图元），右击完成选择，如图 3-3、图 3-4 所示。

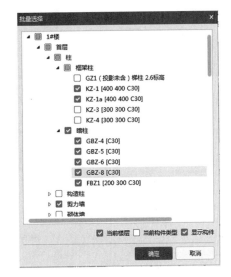

图 3-3　批量选择(1)

图 3-4　批量选择(2)

【第三步】　软件会弹出"复制图元到其他楼层",选择目标层,单击"确定"按钮,如图 3-5 所示。

○ 说　明

1. 在绘图区域选择构件图元,只能选择当前图层的构件图元。"批量选择"可以选择不同类型的构件图元。弹出选择构件对话框,如要把首层的柱和剪力墙复制到 2 层,则勾选框架柱 KZ-1、KZ-1a、暗柱和剪力墙,单击"确定"按钮。

2. 复制的时候,如果当前楼层已经绘制了构件图元,那么软件会弹出"复制图元冲突处理方式",可以根据实际情况进行选择。

图 3-5　复制到第 2 层

课堂训练1

完成从首层复制到其他楼层的操作。

二、复制后修改

把首层的构件复制到 2 层后,某些位置的图元与首层相比会有变化。

1. 二层异形柱

比较结施-04、结施-03,二层的异形柱与首层相同名称的异形柱、钢筋信息需要修改,属性列表如图 3-6 所示。

(a)GBZ-4

	属性名称	属性值	附加
1	名称	GBZ-4	
2	截面形状	异形	□
3	结构类别	暗柱	
4	定额类别	普通柱	
5	截面宽度(B边)(…	800	
6	截面高度(H边)(…	500	
7	全部纵筋	14Φ14	
8	材质	现浇混凝土	
9	混凝土类型	(半干硬性砼碎…	
10	混凝土强度等级	(C30)	
11	混凝土外加剂	(无)	
12	泵送类型	(混凝土泵)	
13	泵送高度(m)		
14	截面面积(m²)	0.28	□
15	截面周长(m)	3.2	□
16	顶标高(m)	层顶标高	□
17	底标高(m)	层底标高	□
18	备注		□

(b)GBZ-5

	属性名称	属性值	附加
1	名称	GBZ-5	
2	截面形状	异形	□
3	结构类别	暗柱	
4	定额类别	普通柱	
5	截面宽度(B边)(…	800	
6	截面高度(H边)(…	500	
7	全部纵筋	14Φ14	
8	材质	现浇混凝土	
9	混凝土类型	(半干硬性砼碎…	
10	混凝土强度等级	(C30)	
11	混凝土外加剂	(无)	
12	泵送类型	(混凝土泵)	
13	泵送高度(m)		
14	截面面积(m²)	0.26	□
15	截面周长(m)		□
16	顶标高(m)	层顶标高	□
17	底标高(m)	层底标高	□

(c)GBZ-6

	属性名称	属性值	附加
1	名称	GBZ-6	
2	截面形状	异形	□
3	结构类别	暗柱	
4	定额类别	普通柱	
5	截面宽度(B边)(…	1050	
6	截面高度(H边)(…	800	
7	全部纵筋	18Φ12+4Φ16	
8	材质	现浇混凝土	
9	混凝土类型	(半干硬性砼碎…	
10	混凝土强度等级	(C30)	
11	混凝土外加剂	(无)	
12	泵送类型	(混凝土泵)	
13	泵送高度(m)		
14	截面面积(m²)	0.36	□
15	截面周长(m)	3.7	□
16	顶标高(m)	层顶标高	□
17	底标高(m)	层底标高	□

(d)GBZ-8

	属性名称	属性值	附加
1	名称	GBZ-8	
2	截面形状	异形	□
3	结构类别	暗柱	□
4	定额类别	普通柱	□
5	截面宽度(B边)(…	500	□
6	截面高度(H边)(…	500	□
7	全部纵筋	8Φ14	
8	材质	现浇混凝土	
9	混凝土类型	(半干硬性砼碎…	
10	混凝土强度等级	(C30)	□
11	混凝土外加剂	(无)	
12	泵送类型	(混凝土泵)	
13	泵送高度(m)		
14	截面面积(m²)	0.16	□
15	截面周长(m)	2	□
16	顶标高(m)	层顶标高	□
17	底标高(m)	层底标高	□

(e)FBZ1

	属性名称	属性值	附加
1	名称	FBZ1	
2	结构类别	暗柱	□
3	定额类别	普通柱	□
4	截面宽度(B边)(…	200	□
5	截面高度(H边)(…	300	□
6	全部纵筋		
7	角筋	4Φ12	
8	B边一侧中部筋	1Φ12	
9	H边一侧中部筋		
10	箍筋	Φ8@200(2*3)	
11	节点区箍筋		
12	箍筋肢数	2*3	
13	柱类型	(中柱)	
14	材质	现浇混凝土	
15	混凝土类型	(半干硬性砼碎…	
16	混凝土强度等级	(C30)	□
17	混凝土外加剂	(无)	
18	泵送类型	(混凝土泵)	
19	泵送高度(m)		
20	截面面积(m²)	0.06	□
21	截面周长(m)	1	□
22	顶标高(m)	层顶标高	
23	底标高(m)	层底标高	

图 3-6　异形柱属性列表

2.二层梁构件

比较结施-08、结施 09，二层与首层相同位置的梁变化较大的需要重新定义。近似相同的梁可按上述"层间复制"步骤直接复制，再选中构件在属性列表里进行修改，如图 3-7 所示。

例如：

（1）1 轴上原来的 3 跨 KL1(3)变为 2 跨 KL1(2)，重新进行原位标注。

（2）2 轴上原来的 3 跨 KL2(3)变为 2 跨一端有悬挑的 KL2(2A)，重新定义进行原位标注。

（3）拉框删除掉 1/0A 轴和 B 轴之间的梁，向右拉框选择是选择完全包含在框内的图元，向左拉框选择是选择框内以及与框相交的图元。

对比结施-08、结施 09 的不同，按照梁的编号顺序依次查找。其他主体构件的复制和修改与此类似，不再详细描述。修改构件的顺序，按照绘图的顺序，避免遗漏；绘图区可以按照从左到右，从上到下的顺序修改。

图 3-7　选中构件

3. 二层填充墙变化

首层为商业网点，二层以上变为住宅，根据建施-02 绘制二层内外填充墙，其三维效果如图 3-8 所示。其中二层门窗、洞口；过梁、压顶，圈梁，导墙，构造柱、抱框柱的属性定义同首层填充墙。

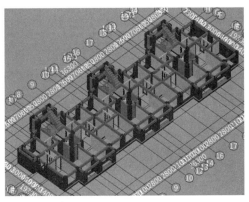

图 3-8 二层填充墙三维效果

增加的阳台导墙、卫生间厨房导墙的属性定义：根据根据建筑设计说明，阳台、平台、卫生间、厨房与墙面交接处的墙体底部均设与墙同宽的 200 mm 高 C20 素混凝土导墙，导墙高度自室内地面成活面算起。

（1）阳台导墙

由建施-06 查找建通-09 第 24 节点及建施-07 查找建通-09 第 34 节点，按圈梁定义阳台导墙的属性列表如图 3-9 所示；按直线绘制的三维效果如图 3-10 所示。

	属性名称	属性值	附加
1	名称	阳台导墙	
2	截面宽度(mm)	200	☑
3	截面高度(mm)	250	☑
4	轴线距梁左边...	(100)	☐
5	上部钢筋		☐
6	下部钢筋		☐
7	箍筋		
8	胶数	2	
9	材质	现浇混凝土	☐
10	混凝土类型	(半干硬性砼砾...	☐
11	混凝土强度等级	C20	☑
12	混凝土外加剂	(无)	
13	泵送类型	(混凝土泵)	
14	泵送高度(m)		
15	截面周长(m)	0.9	☐
16	截面面积(m²)	0.05	☐
17	起点顶标高(m)	层底标高+0.25	☐
18	终点顶标高(m)	层底标高+0.25	☐

图 3-9 二层阳台导墙   **图 3-10 阳台导墙三维效果**

（2）卫生间、厨房导墙

卫生间、厨房 200 墙体、100 墙体对应的导墙属性列表及三维效果如图 3-11 所示。

（a）二层卫生间、厨房导墙200
属性定义

（b）卫生间、厨房导墙三维效果

（c）二层卫生间、厨房导墙
100属性定义

图3-11　卫生间、厨房导墙

4.二层板变化

根据结施-14绘制二层板，构件列表如图3-12所示，其中阳台降板属性列表如图3-13所示，其他板定义绘制操作同首层板。

图3-12　二层板构件列表

图3-13　阳台降板属性列表

5.二层楼梯变化

（1）新建直行梯段ATB2，属性列表如图3-14所示。

图 3-14 ATB2 属性列表

（2）表格输入计算 ATB2 钢筋，如图 3-15 所示。

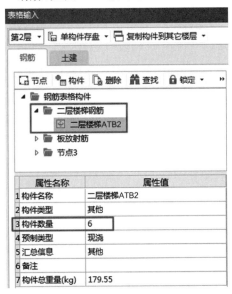

图 3-15 表格输入计算 ATB2 钢筋

（3）三维效果如图 3-16 所示。

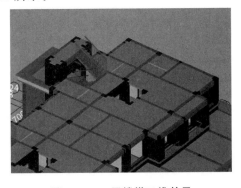

图 3-16 二层楼梯三维效果

课堂训练 2

根据实训图纸,修改从首层复制过来的构件的信息。

3.2 二层零星构件和二层室内外装修

二层零星构件和二层室内外装修的具体做法可参考项目二首层零星构件和首层室内外装修,这里不再赘述。

课堂小结

1. 复制楼层的操作方法
2. 复制后修改图元信息
(1)属性不同的,修改属性信息,例如截面信息、钢筋信息和标高。
(2)名称不同的,修改名称,反建构件。

课后任务

汇总计算二层主体构件工程量。

项目四

标准层、屋面层、机房层工程量计算

 思维导图

本项目中标准层、屋面层、机房层工程量计算所涉及内容,由于部分操作步骤在项目二中已讲述,因此,本项目只讲述之前未涉及的操作内容,项目二中已讲述的不再赘述,仅在思维导图中列出本项目所有列项。

标准层(三~五层)、屋面层(六层)、机房层工程量列项思维导图如图4-1~图4-3所示。

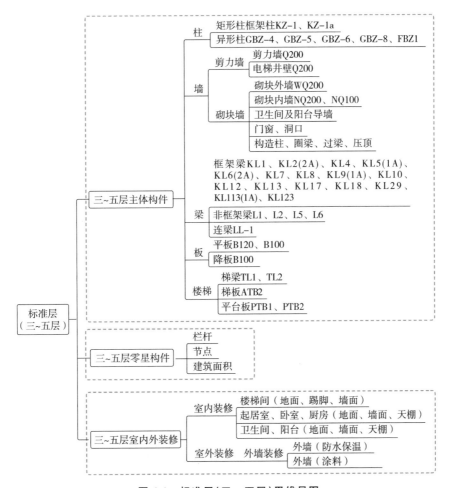

图4-1 标准层(三~五层)思维导图

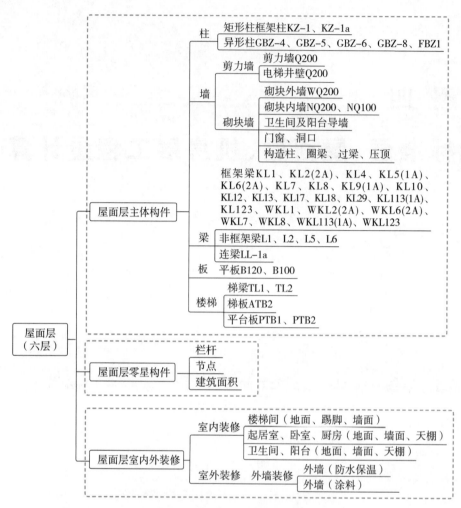

图 4-2　屋面层(六层)思维导图

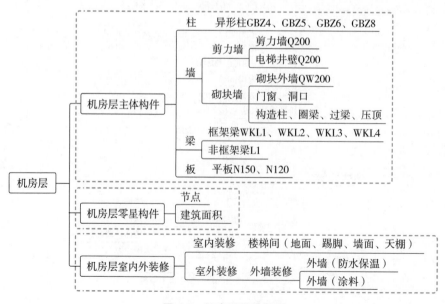

图 4-3　机房层思维导图

学习目标

能力目标：能够读懂图纸，重点查看标准层（三～五层）、屋面层（六层）、机房层建筑施工图、结构施工图与二层建筑施工图、结构施工图的不同；能够通过层间复制快速复制修改相同构件；对于工程各个部分构件能够准确算量。

知识目标：掌握软件复制楼层构件的方法，能按柱、梁、板顺序修改复制后的构件与图纸信息一致；掌握软件复制楼层的操作方法及复制后修改图元信息的操作方法与技巧。

素质目标：培养勤勉刻苦的学习习惯，努力实现从被动学习到主动求知的转变，不断发掘学习的潜能和动力；具有良好的沟通能力和团队协作精神，把真才实学作为实现理想的坚实支撑，把全面发展作为完善自我的价值标准。

4.1　标准层（三～五层）、屋面层（六层）

一、层间复制

批量选择二层修改后的全部图元，按层间复制完成二层到三、四、五、六层的复制操作，如图 4-4、图 4-5 所示。

图 4-4　批量选择　　　　　　图 4-5　复制图元到其他楼层

> **○ 说明**
>
> 二、三、四、五、六层主体构件图元基本相同，但六层屋面部分有差异。
>
> 六层屋面板：没有卫生间降板布置，需按图纸修改六层结构屋面板及配筋，钢筋改为双层双向配筋。
>
> 六层框架柱：需要自动判断边角柱。

二、判断边角柱

在"柱二次编辑"下,单击"判断边角柱",软件自动判断,如图4-6所示。

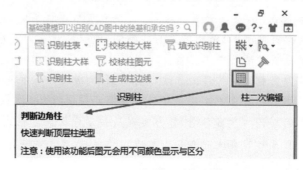

图4-6 判断边角柱

6层增加屋面保温、防水保护,女儿墙节点需要重新定义。操作方法参考首层屋面属性的定义与绘制及女儿墙节点的定义。

4.2 机房层

一、层间复制

批量选择5层修改后的全部图元,按层间复制完成5层到机房层的层间复制操作,并删除机房层没有的图元构件。注意更改标高。

二、机房层屋面有变化的位置

增加屋面保温、防水保护、机房层雨篷、机房层女儿墙节点等,这些需要重新定义绘制。操作方法参考首层雨篷、首层屋面属性的定义与绘制及首层女儿墙节点的定义与绘制。

4.3 三维效果图

标准层(三~五层)、屋面层(六层)、机房层三维效果如图4-7所示。

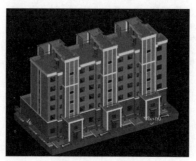

图4-7 三维效果

4.4 工程量计算

标准层(三～五层)、屋面层(六层)、机房层工程量计算详见项目六云应用与报表出量。

课后任务

1.汇总计算标准层(三～五层)、屋面层(六层)、机房层主体构件工程量。
2.汇总计算标准层(三～五层)、屋面层(六层)、机房层零星构件工程量。
3.汇总计算标准层(三～五层)、屋面层(六层)、机房层室内外装修构件。

項 目 五

基础层工程量计算

思维导图

基础层工程量思维导图如图 5-1 所示。

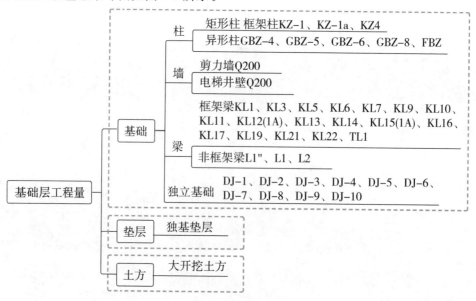

图 5-1　基础层工程量思维导图

学习目标

能力目标:能够读懂图纸,重点查看基础层图纸结构施工图与计算规则的相关信息;能够在软件建模界面新建并绘制基础层主体构件柱、墙、梁、基础、垫层、土方,汇总基础层构件工程量。

知识目标:熟悉基础钢筋平法规则及基础土方清单定额计算规则;掌握软件操作的技巧。

素质目标:理解科技强国真正内涵,发扬工匠精神;理解造价人员的专业精神和职业操守等思想政治素养对项目的顺利实施有着不可忽视的作用。

5.1　基　础

一、分析图纸

分析结施-01、结施-02,可以从基础平面图与基础详图中得到独立基础的截面信息。

二、基础、土方清单、定额计算规则(表5-1)

表 5-1　　　　　　　　　　　　　　基础、土方清单、定额计算规则

计算项	单位	计算规则
混凝土体积	m³	混凝土工程量除另有规定者外,均按设计图示尺寸以体积计算,不扣除构件内钢筋、预埋铁件及墙、板中 0.3 m² 以内的孔洞所占体积。 基础:按设计图示尺寸以体积计算,不扣除伸入承台基础的桩头所占体积
模板面积	m²	现浇混凝土构件模板,除另有规定者外,均按模板与混凝土的接触面积(不扣除后浇带所占面积)计算
土方	m³	一、基础土方的放坡 1.土方放坡的深度和放坡坡度,按施工组织设计计算;当施工组织设计无规定时,按下表计算 土方放坡起点深度和放坡坡度 _见下表_ 注:(1)机械挖土从交付施工场地标高起至基础底,机械一直在坑内作业,并设有机械上坡道(或采用其他措施运送机械)称坑内作业;相反,机械一直在交付施工场地标高上作业(不下坑)称坑上作业。 (2)开挖时没有形成坑,虽然是在交付施工场地标高上(坑上)挖土,继续挖土时机械随坑深在坑内作业,亦称为坑内作业。 2.基坑土石方,按设计图示基础(含垫层)尺寸,另加工作面宽度、土方放坡宽度或石方允许超挖量乘以开挖深度,以体积计算。 3.一般土石方,按设计图示基础(含垫层)尺寸,另加工作面宽度、土方放坡宽度或石方允许超挖量乘以开挖深度,以体积计算。机械施工坡道的土石方工程量并入相应工程量内计算。 二、回填及其他 1.平整场地,按设计图示尺寸,以建筑物首层建筑面积计算。建筑物地下室结构外边线凸出首层结构外边线时,其凸出部分的建筑面积合并计算。 2.基底钎探,以垫层(或基础)底面积计算。 3.原土夯实与碾压,按施工组织设计规定的尺寸,以面积计算。 填土夯实与碾压,按设计图示填土厚度以体积计算。 4.回填土区分夯填、松填,按设计图示回填体积并依下列规定,以体积计算: (1)沟槽、基坑回填,按挖方体积减去设计室外地坪以下建筑物、基础(含垫层)体积计算。 (2)房心(含地下室内)回填,按主墙间净面积(扣除单个面积 2 m² 以上的设备基础等面积)乘以回填厚度,以体积计算。 三、土方运输,以天然密实体积计算 挖土总体积减去回填土(折合天然密实体积),总体积为正,则为余土外运;总体积为负,则为取土内运

土方放坡起点深度和放坡坡度

土壤类别	起点深度(>m)	放坡坡度			
		人工挖土	机械挖土		
			沟槽、坑内作业	坑上作业	沟槽上作业
一二类土	1.20	1∶0.50	1∶0.33	1∶0.75	1∶0.50
三类土	1.50	1∶0.33	1∶0.25	1∶0.67	1∶0.33
四类土	2.00	1∶0.25	1∶0.10	1∶0.33	1∶0.25

注,基础工程量包括:1.混凝土体积;2.钢筋质量;3.模板面积;4.土方量。

在画基础的时候,先把首层柱、墙复制到基础层,再绘制基础框架梁、基础、垫层和土方。遵循的步骤:定义、绘制、计算。

三、柱、墙的绘制

可通过层间复制完成柱、墙的绘制。先把首层的框架柱、剪力墙图元复制到基础层,再用批量选择快捷功能键F3来选择图元,勾选首层框架柱、暗柱、剪力墙,右击完成选择,选择目标层为基础层,单击"确定"按钮,完成操作,如图5-2、图5-3所示。

四、梁的绘制

基础层标高−0.05梁构件列表如图5-4所示,其属性定义及绘制方法同首层梁。

图5-2 复制图元到其他楼层

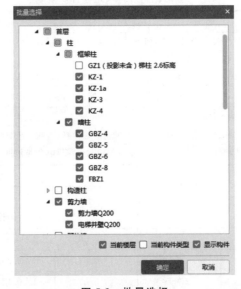

图5-3 批量选择

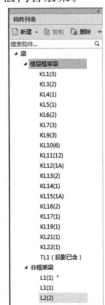

图5-4 梁构件列表

五、基础的绘制

一般图纸的独立基础都不按照平法标注来注写,不过根据其提供的平面图和剖面图很容易分析出其构造。

1. 新建基础

独立基础有些设置需要在父项目改,有些设置需要在子项目改。要修改独立基础的样式及配筋设置,就需要新建独立基础单元,如图5-5所示。

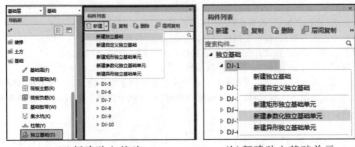

(a)新建独立基础　　　　　　(b)新建独立基础单元

图5-5 新建独立基础和独立基础单元

以新建 DJ-1 为例,根据图纸样式,选择如图 5-6 所示的第三种最合适,结合结施-02 中尺寸明细表,修改好平面尺寸,定义独立基础的高度,单击"确定"按钮。

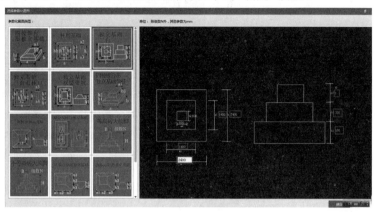

图 5-6　DJ-1 独立基础单元参数

2.修改属性

标高的修改是在独立基础项目下进行的,单击 DJ-1,按图纸说明修改底标高,软件自动算出顶标高,如图 5-7 所示。

配筋的修改是在独立基础单元下进行的,单击(底)DJ-1-1,按图纸修改独立基础配筋,如图 5-8 所示。

属性列表

	属性名称	属性值	附加
1	名称	DJ-1	
2	长度(mm)	2400	
3	宽度(mm)	2400	
4	高度(mm)	600	
5	顶标高(m)	层底标高+0.6	
6	底标高(m)	层底标高	
7	备注		
8	⊞ 钢筋业务属性		
15	⊞ 土建业务属性		
18	⊞ 显示样式		
21	⊞ DJ-1-1		

图 5-7　DJ-1 修改标高

属性列表

	属性名称	属性值	附加
1	名称	DJ-1-1	
2	截面形状	独立基础三台	
3	截面长度(mm)	2400	
4	截面宽度(mm)	2400	
5	高度(mm)	600	
6	横向受力筋	Φ12@125	
7	纵向受力筋	Φ12@125	
8	材质	现浇混凝土	
9	混凝土类型	(半干硬性砼砾…	
10	混凝土强度等级	(C30)	
11	混凝土外加剂	(无)	
12	泵送类型	(混凝土泵)	
13	相对底标高(m)	(0)	
14	截面面积(m²)	5.76	

图 5-8　DJ-1-1 修改配筋

3.套取做法

套取做法如图 5-9 所示。

4.绘制基础

选择"智能布置",软件默认点画。但实际工程中独立基础存在偏心,且基础层中偏心柱已画好,所以可选择"独立基础二次编辑"的"智能布置"按钮按柱布置,选择依附的柱,如图 5-10 所示,可快速布置独立基

构件做法

🔲添加定额　🗑删除　🔍查询 ▾　ƒx 换算 ▾　🖌做法刷　做法查询　🔲提耳

	编码	类别	名称	单位
1	5-5	定	现浇混凝土基础 独立基础 混凝土	m3
2	17-141	定	现浇混凝土模板 独立基础 复合模板 木支撑	m2
3	5-163	定	现浇构件 带肋钢筋HRB400以内 直径12mm	t

图 5-9　DJ-1 套取做法

础,其三维效果如图 5-11 所示。

图 5-10 智能布置独立基础

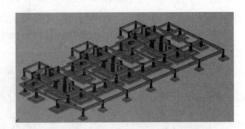

图 5-11 基础层三维效果

课堂训练

根据实训图纸,完成独立基础的定义与绘制。

5.1.2 基础主体构件的工程量

一、柱的工程量(图 5-12、图 5-13)

编码	项目名称	单位	工程量	单价	合价
1 5-12	现浇混凝土柱 矩形柱	10m3	0.90985	3915.56	3562.5723
2 17-174	现浇混凝土模板 矩形柱 复合模板 钢支撑	100m2	0.851692	5778.5	4921.5022
3 5-14	现浇混凝土柱 异形柱	10m3	0.8154	3946.45	3217.9353
4 17-178	现浇混凝土模板 异形柱 复合模板 钢支撑	100m2	0.7582	7298.85	5533.9881

图 5-12 柱的现浇混凝土工程量

查看钢筋量

导出到Excel

钢筋总质量(kg):4870.623

	楼层名称	构件名称	钢筋总质量 (kg)	HPB300			HRB400				
				6	8	合计	8	12	14	16	合计
1		KZ-1[1131]	59.616		23.716	23.716				35.9	35.9
2		KZ-1[1140]	67.412		18.536	18.536				48.876	48.876
3		KZ-1[1141]	67.2		18.536	18.536				48.664	48.664
4		KZ-1[1142]	67.2		18.536	18.536				48.664	48.664
5		KZ-1[1143]	67.2		18.536	18.536				48.664	48.664
6		KZ-1[1144]	67.2		18.536	18.536				48.664	48.664

(a)钢筋工程量(1)

60		GBZ-8[1234]	25.921		2.536	2.536				23.385	23.385
61		GBZ-8[1235]	25.921		2.536	2.536				23.385	23.385
62		GBZ-8[1239]	25.921		2.536	2.536				23.385	23.385
63		GBZ-8[1240]	25.921		2.536	2.536				23.385	23.385
64		GBZ-8[1244]	25.921		2.536	2.536				23.385	23.385
65		GBZ-8[1245]	25.921		2.536	2.536				23.385	23.385
66		FBZ1[1230]	24.023				7.085	16.938			24.023
67		FBZ1[1241]	24.023				7.085	16.938			24.023
68		FBZ1[1248]	24.023				7.085	16.938			24.023
69		合计:	4870.623	55.716	1216.858	1272.574	58.327	50.814	780.666	2708.242	3598.049

(b)钢筋工程量(2)

图 5-13 钢筋工程量

二、墙的工程量(图 5-14、图 5-15)

查看构件图元工程量

构件工程量　做法工程量

	编码	项目名称	单位	工程量	单价	合价
1	5-29	现浇混凝土墙 电梯井壁 直形墙 C30	10m3	0.5742	3880.11	2227.9592
2	17-204	现浇混凝土模板 电梯井壁 复合模板 钢支撑	100m2	0.574	5968.16	3425.7238
3	5-25	现浇混凝土墙 直形墙 混凝土	10m3	0.237	3871.87	917.6332
4	17-197	现浇混凝土模板 直形墙 复合模板 钢支撑	100m2	0.2382	5305.58	1263.7892

图 5-14　墙的现浇混凝土工程量

查看钢筋量

导出到Excel

钢筋总质量(kg)：1183.44

	楼层名称	构件名称	钢筋总质量(kg)	HPB300		HRB400	
				6	合计	10	合计
1		电梯井壁Q200[1277]	63.299	0.99	0.99	62.309	62.309
2		电梯井壁Q200[1278]	53.012	0.792	0.792	52.22	52.22
3		电梯井壁Q200[1279]	63.299	0.99	0.99	62.309	62.309
4		电梯井壁Q200[1280]	57.976	0.924	0.924	57.052	57.052
5		电梯井壁Q200[1282]	63.299	0.99	0.99	62.309	62.309

(a)电梯井壁的钢筋工程量

21		剪力墙Q200[1437]	42.546	0.726	0.726	41.82	41.82
22		剪力墙Q200[1438]	42.546	0.726	0.726	41.82	41.82
23		剪力墙Q200[1440]	42.546	0.726	0.726	41.82	41.82
24		剪力墙Q200[43800]	42.546	0.726	0.726	41.82	41.82
25		合计:	1183.44	18.546	18.546	1164.894	1164.894

(b)剪力墙的钢筋工程量

图 5-15　电梯井壁和剪力墙的钢筋工程量

三、梁的工程量(图 5-16、图 5-17)

查看构件图元工程量

构件工程量　做法工程量

	编码	项目名称	单位	工程量	单价	合价
1	5-18	现浇混凝土梁 矩形梁	10m3	3.24653	3887.89	12622.1515
2	17-185	现浇混凝土模板 矩形梁 复合模板 钢支撑	100m2	3.636019	5256.86	19114.0428

图 5-16　梁的现浇混凝土工程量

查看钢筋量

导出到Excel

钢筋总质量（kg）：4503.174

	楼层名称	构件名称	钢筋总质量(kg)	HPB300			HRB400			
				6	8	合计	12	14	16	合计
1		KL1 (3)[1898]	153.91		55.6	55.6		14.28	84.03	98.31
2		KL10 (6)[1900]	587.401	17.6	155.724	173.324	125.28	136.902	151.895	414.077
3		KL11 (12)[1901]	306.2		118.584	118.584		187.616		187.616
4		KL15 (1A)[1902]	42.024	0.435	10.692	11.127	1.996	11.072	17.829	30.897
5		KL16 (2)[1903]	48.936		16.524	16.524		32.412		32.412
6		KL16 (2)[1904]	48.936		16.524	16.524		32.412		32.412

（a）梁的钢筋工程量（1）

50		KL12 (1A)[2197]	97.056	2.748	24.542	27.29	19.188		50.578	69.766
51		KL14 (1)[2230]	87.522	2.4	21.14	23.54	16.02		47.962	63.982
52		TL1 (投影已含)[2593]	47.076		12.15	12.15			34.926	34.926
53		TL1 (投影已含)[2595]	47.076		12.15	12.15			34.926	34.926
54		TL1 (投影已含)[2596]	47.076		12.15	12.15			34.926	34.926
55		L1 (1)"[1944]	9.442	2.52		2.52	3.446	3.476		6.922
56		合计：	4503.174	81.707	1284.226	1365.933	390.098	684.382	2062.761	3137.241

（b）梁的钢筋工程量（2）

图 5-17　梁的钢筋工程量

四、独立基础的工程量（图 5-18、图 5-19）

查看构件图元工程量

构件工程量　做法工程量

○ 清单工程量　◎ 定额工程量　☑ 显示房间、组合构件　☑ 只显示标准层单层量

	楼层	材质	混凝土标号	名称		工程量名称					
						数量(个)	体积(m3)	模板面积(m2)	底面面积(m2)	侧面面积(m2)	顶面面积(m2)
1				DJ-1	DJ-1	13	0	0	0	0	0
2					DJ-1-1	0	30.108	59.28	74.88	108.68	23.4
3				DJ-10	DJ-10	1	0	0	0	0	0
4					DJ-10-1	0	0.951	3	2.21	4.25	0.87
5				DJ-2	DJ-2	1	0	0	0	0	0
6					DJ-2-1	0	1.068	3.12	2.56	4.68	0.84
7				DJ-3	DJ-3	0	0	0	0	0	0
8					DJ-3-1	0	2.448	11.52	6	15.36	1.62
9				DJ-4	DJ-4	5	0	0	0	0	0
10					DJ-4-1	0	18.75	28.8	48.05	62.4	13.65
11	基础层	-	-	DJ-5	DJ-5	3	0	0	0	0	0
12					DJ-5-1	0	43.182	34.92	92.34	75.66	48.3
13				DJ-6	DJ-6	6	0	0	0	0	0
14					DJ-6-1	0	44.406	50.04	95.94	93.9	47.88
15				DJ-7	DJ-7	6	0	0	0	0	0
16					DJ-7-1	0	4.194	15.12	10.14	21.42	3.3
17				DJ-8	DJ-8	1	0	0	0	0	0
18					DJ-8-1	0	3.171	5.64	6.93	8.93	3.48
19				DJ-9	DJ-9						
20					DJ-9-1	0	1.683	3.96	3.96	6.27	1.49
21				小计		43	149.961	215.4	343.01	401.55	144.83
22											
23				小计		43	149.961	215.4	343.01	401.55	144.83
24				合计		43	149.961	215.4	343.01	401.55	144.83

图 5-18　独立基础混凝土模板工程量

查看钢筋量

导出到Excel

钢筋总质量（kg）：4664.533

	楼层名称	构件名称	钢筋总质量(kg)	HRB400	
				12	合计
14		DJ-2[T56]	34.632	34.632	34.632
15		DJ-3[812]	12.784	12.784	12.784
16		DJ-3[814]	12.784	12.784	12.784
17		DJ-3[816]	12.784	12.784	12.784
18		DJ-3[818]	12.784	12.784	12.784
19		DJ-3[820]	12.784	12.784	12.784
20		DJ-3[822]	12.784	12.784	12.784
21		DJ-4[748]	124.644	124.644	124.644
22	基础层	DJ-4[750]	124.644	124.644	124.644
23		DJ-4[752]	124.644	124.644	124.644
24		DJ-4[786]	124.644	124.644	124.644
25		DJ-4[788]	124.644	124.644	124.644
26		DJ-5[830]	409.577	409.577	409.577
27		DJ-5[832]	409.577	409.577	409.577
28		DJ-5[840]	409.577	409.577	409.577
29		DJ-6[796]	208.789	208.789	208.789
30		DJ-6[800]	208.789	208.789	208.789
31		DJ-6[802]	208.789	208.789	208.789
32		DJ-6[804]	208.789	208.789	208.789
33		DJ-6[806]	208.789	208.789	208.789
34		DJ-6[808]	208.789	208.789	208.789
35		DJ-7[716]	23.452	23.452	23.452
36		DJ-7[718]	23.452	23.452	23.452
37		DJ-7[720]	23.452	23.452	23.452
38		DJ-7[722]	23.452	23.452	23.452
39		DJ-7[724]	23.452	23.452	23.452
40		DJ-7[730]	23.452	23.452	23.452
41		DJ-8[740]	125.292	125.292	125.292
42		DJ-9[744]	69.906	69.906	69.906
43		DJ-1[734]	50.762	50.762	50.762
44		合计：	4664.533	4664.533	4664.533

图 5-19　独立基础钢筋工程量

5.2　垫　层

5.2.1　独立基础垫层的绘制

软件中垫层分为点式、面式、线式三种。一般情况下点式垫层用来处理独立基础、桩承台、集水坑下的垫层,线式垫层用来处理条基、基础梁下的垫层,面式垫层用来处理筏板基础、独立基础下的垫层。

一、新建点式矩形垫层及其属性列表(图 5-20)

(a)新建点式矩形基础垫层　　　　　　　　(b)DC-1 属性列表

图 5-20　新建点式矩形基础垫层及其属性列表

二、套取做法(图 5-21)

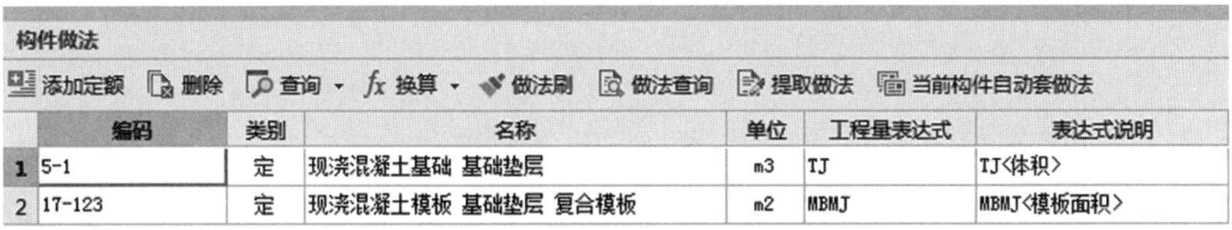

	编码	类别	名称	单位	工程量表达式	表达式说明
1	5-1	定	现浇混凝土基础 基础垫层	m3	TJ	TJ〈体积〉
2	17-123	定	现浇混凝土模板 基础垫层 复合模板	m2	MBMJ	MBMJ〈模板面积〉

图 5-21　套取做法

三、垫层绘制

用智能布置的方式点画独立基础垫层如图 5-22 所示。

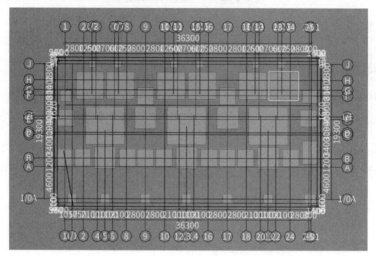

图 5-22　垫层绘制

独立基础垫层的工程量计算如图 5-23 所示。

查看构件图元工程量

	构件工程量	做法工程量			
编码	项目名称	单位	工程量	单价	合价
1 5-1	现浇混凝土基础 基础垫层	10m3	3.8831	3305.26	12834.6551
2 17-123	现浇混凝土模板 基础垫层 复合模板	100m2	0.465	4242.57	1972.7951

图 5-23　垫层工程量计算

5.3　土　方

本工程选用大开挖土方,针对大开挖土方、基坑土方、大开挖灰土回填、基坑灰土回填构件的所有边或部分边设置不同的放坡系数。

一、大开挖土方的属性定义

大开挖土方属性列表及套做法如图 5-24 所示。

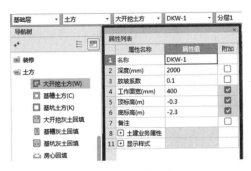

(a)定义大开挖土方

	编码	类别	名称	单位	工程量表达式	表达式说明
1	1-114	定	挖掘机挖装一般土方 四类土	m3	TFTJ	TFTJ〈土方体积〉
2	1-140	定	自卸汽车运土方 运距≤1km	m3	TFTJ-STHTTJ	TFTJ〈土方体积〉-STHTTJ〈素土回填体积〉
3	1-141 *5	换	自卸汽车运土方 每增运1km 单价*5	m3	TFTJ-STHTTJ	TFTJ〈土方体积〉-STHTTJ〈素土回填体积〉
4	1-101	定	机械回填土 机械夯实	m3	STHTTJ	STHTTJ〈素土回填体积〉

(b)土方套做法

图 5-24 大开挖土方属性列表及套做法

二、大开挖土方的绘制

大开挖土方用直线绘制或矩形绘制,其三维效果如图 5-25 所示。

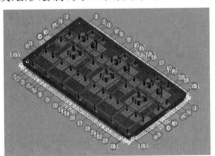

图 5-25 大开挖土方三维效果

5.3.2 土方工程量

土方工程量如图 5-26 所示。

楼层	深度	名称	土方体积(m3)	冻土体积(m3)	挡土板面积(m2)	大开挖土方侧面积(m2)	大开挖土方底面积(m2)	素土回填体积(m3)
基础层	2000	DKW-1【400 -0.3 -2.3】	1678.1367	0	0	243.81	826.965	1425.856
		小计	1678.1367	0	0	243.81	826.965	1425.856
	小计		1678.1367	0	0	243.81	826.965	1425.856
	合计		1678.1367	0	0	243.81	826.965	1425.856

图 5-26 土方工程量

课堂小结

1.独立基础、条形基础、桩承台都需要建立基础单元,否则不能绘制。
2.以地上结构为绘图基础可灵活操作基础构件。

课后任务

1.基础对柱墙钢筋有何影响?
2.独立基础的边长对钢筋有何影响?
3.汇总基础层工程量。

项 目 六

云应用与报表出量

思 维 导 图

云应用与报表出量思维导图如图 6-1 所示。

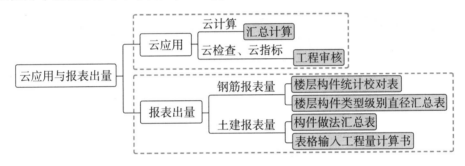

图 6-1　云应用与报表出量思维导图

学 习 目 标

能力目标:能够完成本工程的汇总计算,并通过云应用完成检查后,快速定位修改错误,最终完成本工程查量。查看土建计算结果:包括查看计算式,查看工程量;查看钢筋计算结果:包括查看钢筋量,编辑钢筋及钢筋三维效果。

知识目标:掌握报表出量软件操作与技巧。掌握土建及钢筋计算结果的查量流程,设置分类条件,报表自查,对量等。

素质目标:培养良好的职业道德和诚信意识,具备工程造价人员的基本素养。把爱国之情、强国之志化作实际行动,自觉修身律己,崇德重道,德技双修,全面可持续发展,以自己的创造性劳动,为国家的兴盛和社会的进步做出贡献。

6.1 云应用

初入职场的新人工作经验不足,容易少算、漏算、错算,导致工程量偏差,即使完成了工作也不确定自己的数据是否正确,GTJ2018 内的云应用刚好可以帮助新人解决这些问题。

云应用给出了汇总计算和工程审核两大模块功能,其中云检查功能特别强大,可以核查,也可以反查到画图阶段,完成检查后可以快速定位修改错误,如图 6-2 所示。

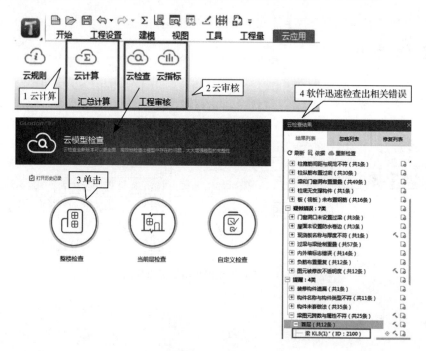

图 6-2 云检查

云指标可以直接生成指标表,也可以多工程对比、指标预警、导出 Excel,方便个人经验积累和企业精细管理。

6.2 报表出量

预算员的主要工作流程:画图→提量→套价,提量环节用的是软件提供的各种报表。过去软件给的是几个固定报表,很难满足各种情况的需求,GTJ2018 提供了强大的报表设置功能,可以按照自己的需求任意组合。

一、报表任意组合

首先进入查看报表页面,如图 6-3 所示。

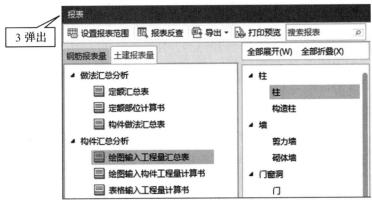

图 6-3　进入查看报表页面

1. 如何满足自查的需求

预算员每做完一个工程,在出计价之前,要反复核量,以防做错,这个时候就需要将各楼层构件进行相互对比,比如,3 层和 4、5、6 层层高一样,墙梁板柱内外装修的工程量应该差不多,这个时候就需要以层打头、构件在后的表格。GTJ2018 怎么组合这个报表呢? 下面看一下组合步骤,如图 6-4 所示。

图 6-4　设置分类条件

单击"确定"按钮后,就会出现以构件打头的报表,如图 6-5 所示。

名称	楼层	材质	混凝土标号	截面形状	工程量名称							
					周长(m)	体积(m3)	模板面积(m2)	超高模板面积(m2)	数量(根)	脚手架面积(m2)	高度(m)	截面面积(m2)
KZ-1	首层	现浇混凝土	C30	矩形柱	40	16.8	157.7509	11.2325	25	131.04	105	4
				小计	40	16.8	157.7509	11.2325	25	131.04	105	4
			小计		40	16.8	157.7509	11.2325	25	131.04	105	4
	小计				40	16.8	157.7509	11.2325	25	131.04	105	4
	第2层	现浇混凝土	C30	矩形柱	43.2	12.528	113.8495	0	27	0	78.3	4.32
				小计	43.2	12.528	113.8495	0	27	0	78.3	4.32
			小计		43.2	12.528	113.8495	0	27	0	78.3	4.32
	小计				43.2	12.528	113.8495	0	27	0	78.3	4.32
	第3层	现浇混凝土	C30	矩形柱	40	11.6	107.321	0	25	0	72.5	4
				小计	40	11.6	107.321	0	25	0	72.5	4
			小计		40	11.6	107.321	0	25	0	72.5	4
	小计				40	11.6	107.321	0	25	0	72.5	4
	第4层	现浇混凝土	C30	矩形柱	40	11.6	107.261	0	25	0	72.5	4
				小计	40	11.6	107.261	0	25	0	72.5	4
			小计		40	11.6	107.261	0	25	0	72.5	4
	小计				40	11.6	107.261	0	25	0	72.5	4
	第5层	现浇混凝土	C30	矩形柱	40	11.6	107.261	0	25	0	72.5	4
				小计	40	11.6	107.261	0	25	0	72.5	4
			小计		40	11.6	107.261	0	25	0	72.5	4
	小计				40	11.6	107.261	0	25	0	72.5	4
	第6层	现浇混凝土	C30	矩形柱	40	11.6	107.051	0	25	0	72.5	4
				小计	40	11.6	107.051	0	25	0	72.5	4
			小计		40	11.6	107.051	0	25	0	72.5	4
	小计				40	11.6	107.051	0	25	0	72.5	4
小计					284.8	82.256	759.0124	11.2325	178	265.2	529.1	28.48

图 6-5　各层 KZ-1 体积比较

从图 6-5 我们可以看出，KZ-1 的 3 层～6 层柱的体积工程量是一样的，其他构件也可以按照同样的方式查一遍。

通过这种方法，很容易查出层与层之间的错误。比如，楼梯层间平台板这个工程量，每层的每个入户门单元会有一块层间楼梯平台板，顶层就不会有，因为顶层的平台板放在下一层的层间平台板上，层层往下赶。

但是，我们在画图的时候，往往用的是层间复制的功能，无意中就会把平台板复制到顶层，而这个过程很难发现，现在好了，通过图 6-5 的报表就可以核对出来。如果图 6-5 中机房层和 6 层的平台板工程量一样，就一定错了。这时候就回到图形里面，把机房层的平台板删除。

2. 如何满足对量的需求

对量时先对总量，总量对不上，就需要找每层的量，这个时候就需要以层打头，构件在后的表格。GTJ2018 提供了这个功能，操作步骤如图 6-6 所示。

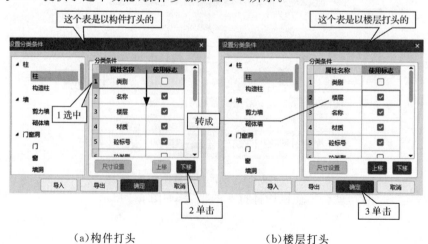

（a）构件打头　　　　　　　　　　（b）楼层打头

图 6-6　对量

单击"确定"按钮后,就会出现如图 6-7 所示的报表预算员用它对量非常方便。

楼层	名称	材质	混凝土标号	截面形状	工程量名称							
					周长(m)	体积(m3)	模板面积(m2)	超高模板面积(m2)	数量(根)	脚手架面积(m2)	高度(m)	截面面积(m2)
首层				小计	22.2	9.072	80.3655	0	6	0	25.2	2.16
	GBZ-8	现浇混凝土	C30	异形柱	12	0	0	0	6	0	25.2	0.96
				小计	12	0	0	0	6	0	25.2	0.96
				小计	12	0	0	0	6	0	25.2	0.96
	GZ1（投影未含）梯柱2.6标高	现浇混凝土	C30	矩形柱	9.6	1.272	22.32	0	12	0	31.8	0.48
				小计	9.6	1.272	22.32	0	12	0	31.8	0.48
				小计	9.6	1.272	22.32	0	12	0	31.8	0.48
	KZ-1	现浇混凝土	C30	矩形柱	40	16.8	157.7509	11.2325	25	131.04	105	4
				小计	40	16.8	157.7509	11.2325	25	131.04	105	4
				小计	40	16.8	157.7509	11.2325	25	131.04	105	4
	KZ-1a	现浇混凝土	C30	矩形柱	3.2	1.344	12.44	0.92	2	0	8.4	0.32
				小计	3.2	1.344	12.44	0.92	2	0	8.4	0.32
				小计	3.2	1.344	12.44	0.92	2	0	8.4	0.32
	KZ-3	现浇混凝土	C30	矩形柱	7.2	3.051	38.286	13.656	6	0	33.9	0.54
				小计	7.2	3.051	38.286	13.656	6	0	33.9	0.54
				小计	7.2	3.051	38.286	13.656	6	0	33.9	0.54
	KZ-4	现浇混凝土	C30	矩形柱	8.4	2.646	31.9931	0	7	0	29.4	0.63
				小计	8.4	2.646	31.9931	0	7	0	29.4	0.63
				小计	8.4	2.646	31.9931	0	7	0	29.4	0.63
小计					142.8	53.247	524.8475	87.6445	79	131.04	339.3	12.51

图 6-7　以层打头,构件在后的报表

3. 如何满足套价的需求

混凝土构件套价的时候,和以上两个需求都不一样,比如,混凝土构件,往往是以标号为标准汇总的,这时候我们就要找混凝土标号这个条件,操作步骤如图 6-8 所示。

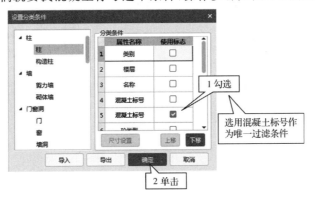

图 6-8　选择混凝土标号为分类条件

单击"确定"按钮后,软件给出报表,如图 6-9 所示。

混凝土标号	截面形状	工程量名称							
		周长(m)	体积(m3)	模板面积(m2)	超高模板面积(m2)	数量(根)	脚手架面积(m2)	高度(m)	截面面积(m2)
C30	矩形柱	365.8	100.2175	954.7947	26.5765	249	287.56	750.3	34.48
	异形柱	565.2	131.802	1216.827	214.818	192	0	610.8	50.28
	小计	931	232.0195	2171.6217	241.3945	441	287.56	1361.1	84.76
合计		931	232.0195	2171.6217	241.3945	441	287.56	1361.1	84.76

图 6-9　混凝土等级相同的柱

二、报表出量

本工程部分工程量汇总表可扫描二维码观看。

1#楼(导出)-楼层构件类型级别直径汇总表

1#楼(导出)-构件做法汇总表

1#楼(导出)-表格输入工程量计算书

1#楼(导出)-楼层构件统计校对表

建筑施工图

结构施工图

参考文献

1 辽宁省住房和城乡建设厅. 辽宁省房屋建筑与装饰工程定额［M］. 沈阳：北方联合出版传媒（集团）股份有限公司，2017.

2 中华人民共和国住房和城乡建设部. 建设工程工程量清单计价规范（GB 50500-2013）［S］. 北京：中国计划出版社，2013.

3 中国建筑标准设计研究院. 混凝土结构施工图平面整体表示方法制图规则和构造详图（现浇混凝土框架、剪力墙、梁、板）（16G101-1）［S］. 北京：中国计划出版社出版，2016.

4 中国建筑标准设计研究院. 混凝土结构施工图平面整体表示方法制图规则和构造详图（现浇混凝土板式楼梯）（16G101-2）［S］. 北京：中国计划出版社出版，2016.

5 中国建筑标准设计研究院. 混凝土结构施工图平面整体表示方法制图规则和构造详图（独立基础、条形基础、筏形基础、桩基础）（16G101-3）［S］. 北京：中国计划出版社出版，2016.

6 中国建筑标准设计研究院. 国家建设标准设计图集（12G614-1）［S］. 北京：中国计划出版社出版，2012.

7 中国建筑标准设计研究院. 国家建设标准设计图集：楼梯、栏杆、栏板（一）（15G403-1）［S］. 北京：中国计划出版社出版，2015.

8 中国建筑标准设计研究院. 国家建设标准设计图集：室外工程（12J003）［S］. 北京：中国计划出版社出版，2012.

9 陈淑珍，王妙灵. BIM 建筑工程计量与计价实训［M］. 重庆：重庆大学出版社，2020.

10 郭阳明，曾彩艳，郭生南. 高职工程造价专业课程思政教学改革探索——以建筑工程计量与计价课程为例［J］. 九江职业技术学院学报，2019（3）：17～20.

11 张兰兰，张卫伟，张传芹. 工程造价专业核心课程进行课程思政教学改革对策研究——以建筑工程定额与计价课程为例［J］. 教育教学论坛，2020（6）：26～29.